国家出版基金项目
NATIONAL PUBLICATION FOUNDATION

清古典袍服结构与纹章规制研究

刘瑞璞
魏佳儒
著

中国纺织出版社

内 容 提 要

本书以博物馆馆藏清代官袍标本为线索，通过对典型标本的信息采集、测绘和结构图复原等数据的系统分析，结合文献考证，发现清官袍纹章制度与其结构形态存在着内在联系。从清官制两团补服、四团衮服、八团吉服到九团十二章龙袍的纹章经营位置无不遵循"准绳"仪规，且始终囿于中华传统服饰"十字型平面结构系统"之中。"准绳"规制的发现，首次揭示了中华"四平八稳"的民庶吉俗和中庸、天人合一等正统哲学的物化形态，以确凿的物证研究，释读了《礼记·深衣》"古者深衣，盖有制度，以应规、矩、绳、权、衡……"记述，如何在几千年后清古典袍服结构与纹章规制的博弈中呈现。这种"考物"与"考献"相结合且重考物的研究方法，为探索中华古代服饰史学谜题找到了一把钥匙，也为其科技史研究探寻一条真实可靠的路径。

图书在版编目（CIP）数据

清古典袍服结构与纹章规制研究 / 刘瑞璞，魏佳儒著.
-- 北京：中国纺织出版社，2017.12

ISBN 978-7-5180-4203-6

Ⅰ. ①清…　Ⅱ. ①刘…②魏…　Ⅲ. ①服饰文化—研究—中国—清代　Ⅳ. ①TS941.742.49

中国版本图书馆 CIP 数据核字（2017）第 246212 号

策划编辑：李春奕　责任编辑：姜娜琳　责任校对：寇晨晨
责任设计：何　建　责任印制：王艳丽

中国纺织出版社出版发行
地址：北京市朝阳区百子湾东里 A407 号楼　邮政编码：100124
销售电话：010 — 67004422　传真：010 — 87155801
http://www.c-textilep.com
E-mail:faxing@c-textilep.com
中国纺织出版社天猫旗舰店
官方微博 http://weibo.com/2119887771
北京利丰雅高长城印刷有限公司印刷　各地新华书店经销
2017 年 12 月第 1 版第 1 次印刷
开本：889×1194　1/16　印张：24.5
字数：358 千字　定价：368.00 元

序
纹章考

　　清末官袍上至皇亲国戚下到文武百官，皆尊两团（补服）、四团、八团、九团纹章规制直至九团十二章帝王礼服的最高法统，还有它们的附属纹章秘笈、索考文献和先贤论述皆为礼教、吉寓、官制的记录和考释。纹章制度初现周朝，客观上是历经了夏尚天、商尚鬼、周尚文的过程。所谓"商尚鬼"就是纹章的巫教形态，最具代表性的就是殷商时期的饕餮纹、夔凤夔龙纹，因此多出现在礼器上，也就必然有"纹"的方位规制，"章"则是圭臬。商这种基于"鬼"的纹章制度一定继承了"夏尚天"的五行（金、木、水、火、土）易章（周易太极图传统），也传承到"周尚文"的时代，只不过这种"鬼"变成了周礼的文采，也就为后朝，汉"以五彩彰施于五色作服"、唐宋"五行学说"❶，到元明清官服的"十二章制"，规划了一个清楚的纹章礼制路线图。虽然纹章用在官服中始于汉，算起来也有两千多年的历史，然而纹章制度的严戒，即如何在袍服中"经营位置"，即使最权威的官方文献和典籍也难觅行踪，民间或呈只言片语，难成体系。

　　关于"纹章"，《旧唐书·舆服志》载："昔黄帝造车服，……车有舆辂之别，服有裘冕之差，文之以染缋，饰之以绨绣，华虫象物，龙火分形，于是典章兴矣。""昔黄帝裘冕典章兴"，就是汉以后逐渐形成的

---

❶ 五行学说：《旧唐书·舆服志》曰："五辂之盖，旌旗之质及鞶缨，皆从辂色"。释为五德木火土金水，对应五方东南中西北，五色青赤黄白黑，五章青龙、朱雀、黄麟、白虎、玄武，其中的方位制式被明确。

象征天地万物之精华，"十二章"集于历代官服于一身的"十二章制"。其实"十二章制"在汉之前并未形成体统，不过是"统治阶级踵事增华之所至，'文章'仅仅是衣上的彩饰"❶。在最初记载有关"文章"的典籍《尚书·益稷篇》载："帝（舜）曰：……予欲观古人之象，日月星辰山龙华虫作会，宗彝藻火粉米黼黻絺绣，以五采彰施于五色作服，汝明"。《考工记》的记载证实了纹章制度从周到春秋战国的传承情况，据清·江永《周礼疑义举要》卷六中记述和郭沫若《〈考工记〉的年代与国别》的考证，《考工记》为春秋战国时代的齐国官书。《考工记》载："画缋之事，杂五色。东方谓之青，南方谓之赤，西方谓之白，北方谓之黑，天谓之玄，地谓之黄。青与白相次也，赤与黑相次也，玄与黄相次也。青与赤谓之文，赤与白谓之章，白与黑谓之黼，黑与青谓之黻，五采备谓之绣。土以黄，其象方。天时变。火以圜，山以章，水以龙，鸟兽蛇。杂四时五色之位以章之，谓之巧"。其中意多可释为"文章黼黻"。按孙机先生的说法"分明是指色彩的搭配"❷，不如说是"文章圭臬"，因为纹章的规度是完全依据易经学说和八卦的消长规律呈现的，这才可能形成西汉之后的官服十二章制。这和秦败汉立对儒家学说的倍加尊崇不无关系，至东汉明帝采臣子建议，袭十二章之服。自此以后形成定制❸。到唐代已成为"十二章制"官服系统，致使清末官服两团、四团、八团、九团和十二章的纹章制度达到极致而寿终正寝。

唐制"凡天子之服十四"（《新唐书·舆服志》），冕服中衮冕、鷩冕、毳冕、絺冕、玄冕均以"十二章制"规戒。《新唐书·舆服志》载："衮冕者，践祚、飨庙、征还、遣将、饮至、加元服、纳后、元日受朝贺、临轩册拜王公之服也。……十二章：日、月、星辰、山、龙、华虫、火、宗彝八章在衣；藻、粉米、黼、黻四章在裳。……鷩冕者，有事远主之服也。……七章：华虫、火、宗彝三章在衣；藻、粉米、黼、黻四章在裳。毳冕者，祭海岳之服也。……五章：宗彝、藻、粉米在

❶ 孙机《中国古舆服论丛：两唐书舆服志校释稿》，上海：上海古籍出版社，2013：399。
❷ 孙机《中国古舆服论丛：两唐书舆服志校释稿》，上海：上海古籍出版社，2013：339-391。
❸ 同❷。

衣；黼、黻在裳。绨冕者，祭社稷、飨先农之服也。……三章：粉米在衣，黼、黻在裳。玄冕者，蜡祭百神、朝日、夕月之服也。……裳刺黼一章。"由此可见，"十二章制"在唐制中为封建帝王赋予了神圣色彩，且成系统。然而在所有文献中都没有直接记录这些文章依据怎样的规戒和尺度"经营位置"。但自周形成以方位为易经法统的官方哲学不可不对纹章经营位置的规范没有承袭。《隋书·礼仪志》载，大业元年虞世基奏："于左右髆上为日月各一，当后领下而为星辰"。释为日、月、星辰三章在十二章之首，这被历代帝王服所沿袭。这个传统还可追溯到上古的"图术"（地图制绘之术），夏朝开国之君禹所绘铸的《九鼎之图》，据《史记·夏本纪》载，禹在位时曾"行山表木，定高山大川"，又"陆行乘车，水行乘船，泥行乘橇，山行乘昆。左准绳，右规矩，以开九州，通九道，陂九泽，度九山"。这"准绳"和"规矩"便成为古人"图术"的必备工具，而车舆便成为地图的标志，就有了西汉的《舆地图》、明代的《广舆图》、清康熙的《皇舆全览图》。伴随它的是历代的《舆服志》，"准绳"和"规矩"也成为"服制"和"术规"。"深衣古制"，《礼记·深衣》载："古者深衣，盖有制度，以应规、矩、绳、权、衡。……制十有二幅，以应十有二月。袂圜以应规，曲袷如矩以应方，负绳及踝以应直，下齐如权衡以应平。故规者，行举手以为容，负绳抱方者，以直其政，方其义也。"❶规矩应圆方，权衡应平稳，垂绳应企直，这便是"准绳"，成为中华传统服饰结构谱系"十字型"结构横应"权衡"、竖应"垂绳"最有力和直接的文献佐证。十二章纹布局与"准绳"必有关联，按"深衣十有二幅，以应十有二月"，可推演十二章以应十二月，日、月、星辰三章为十二章之首，日月在权衡（横轴线），星辰居垂绳（纵轴线）。这个传统规制从汉唐以来到明清官服从未改变过，其他各章无确凿考据，直到"清末古典袍服结构与纹章规制研究"成果的发现，才解开了纹章"经营位置"的"准绳"之谜。

团纹在中华官服纹章制度中成为基本形态，除"天圆地方"的天宰地、圆主方的道儒正统之外，佛教的进入使其变得更加合理和强大。官

---

❶ 王文锦《礼记译解》，北京：中华书局，2001：875-876。

服纹章制度的团纹形式始于唐，这与唐代佛教盛行有关。《旧唐书·舆服志》载："延载元年五月，则天内出绯、紫单罗铭襟、背衫，赐文武三品以上：左右监门卫将军等饰以对狮子，左右卫饰以对麒麟，左右武威卫饰以对虎，左右豹韬卫饰以对豹，左右鹰扬卫饰以对鹰，左右玉铃卫饰以对鹘，左右金吾卫饰以对豸，诸王饰以盘石及鹿，宰相饰以凤池，尚书饰以对雁"。其中"诸王饰以盘石及鹿"中的"盘石"在《通典》中所释，按天授年间绣袍上的图案为山形纹，即"盘石"；而在《唐会要》中称"盘龙"，这是"团龙"的初始称谓。鹿为"花树对鹿"，常见于唐服的对鹿纹锦。唐代织物上的对兽纹通常呈团形，有关联珠图案中间饰对兽，通过汉丝绸之路的文化交流从波斯萨珊引进，在我国最早出现于 619 年（武德二年）的高昌墓葬中。其实织物上的团形对兽纹规制是有传统的，只是在佛教进入之前多以复合菱纹和对龙对凤纹为主，成为"龙章凤舞"的中华传统，即使到了 6 世纪中叶，无论从织法到纹样也都是汉代以来传统技法的延续。不能忽视的是，萨珊团形联珠图案的传入与传统的团形对兽纹之间存在着某种构图上甚至审美情趣上的共同点，而在唐代风行一时。❶不过波斯萨珊团形联珠中间通常仅有一只动物，这不符合"权衡应平稳，垂绳应企直"的礼制，故行对兽章之。因此，萨珊式团形联珠对兽纹实为中国化的结果，这就是到盛唐出现的从"团形联珠对兽"到"唐式团窠"的衍变。

"所谓窠者，即团花也"（清·王琦《李长吉歌诗汇解·梁公子》的注中解释）。唐制团窠的盛行伴随着章服规制的建成。《唐会要》载"六品以下……不得服罗縠着独窠绣绫"。而两团窠起为官阶章服的基本徽帜。根据《旧唐书·舆服志》所记，团窠当位于袍服胸、背的正中（元代官服的团窠称"胸背"，即明官制补服的前身）。进而发展到唐章服的两窠在前、两窠在后的四团窠❷，三窠在前、三窠在后的六团窠❸。宋元是因袭唐制，元朝出现了两窠在前、两窠在后、两窠在肩的六团

---

❶ 孙机《中国古舆服论丛》，上海：上海古籍出版社，2013：4–460。
❷ 唐·纨扇仕女图。
❸ 南唐·韩熙载夜宴图。

窠❶，同时前后两窠团形出现了方形，而演变成官服的补子。明清的补服，两团、四团、八团和九团十二章官服纹章规制正是由此而来。且清补服团补和方补应"天圆地方"，也有尊卑之分（圆补为戚官补，方补为非戚官补），而成为最严苛的章服制。

纹章索考文献通过一篇小序无论如何不足以充分证明，官服纹章的经营位置有确凿操布流程技术上的面貌，像《考工记》《天工开物》这样权威的古代技术文献和历代《舆服志》、明代的《三才图会》、清代的《清会典》这些官方典籍也是碎片式的记录，没有一部系统的匠作流程文献。其实先贤的研究成果对我们更有启发性，不过它们多形而上大于形而下，逻辑大于实证，我们进而把视线落在博物馆的标本研究上。北京服装学院民族服饰博物馆最大的特点是清末官服收藏丰富，这也正是我国历史官制章服走到最后的全盛时期。通过近乎实验室式的博物馆标本研究，取得了文献研究不可企及的重大发现。关于清末官服纹章的"经营位置"与华服"十字型平面结构"的"准绳"作用，其研究成果对我国"官服纹章制度和结构研究"的文献不足提供了一个确凿的考物证据。用此法作"倒推研究"，或许对中国古代服饰史中的疑案有更令人惊喜的发现。

2016 年 12 月于北京服装学院

---

❶ 山西洪洞县明应王庙元代壁画。

《目录》

清 古典袍服结构与
纹章规制研究

《第一章》
绪论

一、缘起

　　基于北京服装学院民族服饰博物馆得天独厚的标本累积和良好的学术平台，在开展清古典袍服结构与纹章规制研究课题研究之前，着重于清末袍服的结构信息采集、测绘，在这个过程中意外发现了馆藏清官袍褂料标本，其刺绣之精美，纱支之细腻，纹章之规整且显有法度可循绝非现代手法可造。因未制成成衣尚处在坯料状态下，且所有图案已经绣罄，发现纹章在平面状态下与袍服"十字型平面结构"的剪裁或有某种联系。其整体排列布局规整，并有四团纹章位居"十字"坐标上，另四团纹章亦有循尺界经营之态，然其精准的纹章布局是制作后的成衣无法给予的清末严酷礼制般的视觉感官。

　　此外，位于袍料中心轴线上的前、后两个纹章，因前一团纹经绣纹后两布幅拼接而使得团纹中间接缝外露，且海水江崖纹亦如此。故"先绣后缝"推断由此而来。然而后一团纹为完整图案，该现象显然是将主体图案先行绣于面料而后做的整料拼接，为方便接下来的裁剪工作，而后身团纹的完整效果是布幅拼接后再补绣的结果（图1-1）。可见，"先绣后缝"并非绝对，后期补绣的配合符合技术逻辑，然其有没有精神上和礼制上的考虑尚未可知。因在前期博物馆标本研究过程中有了这些意

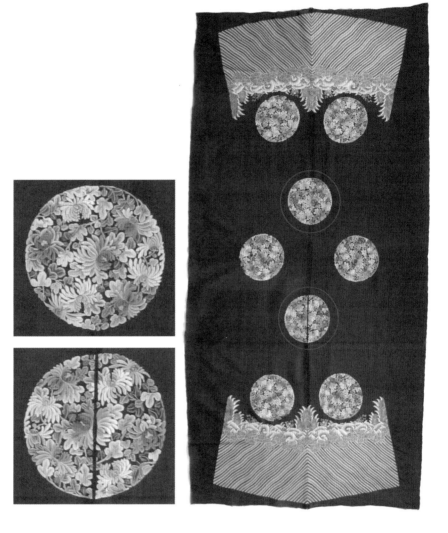

图 1-1　清官袍刺绣褂料

外收获，袍服结构形态与纹章规制如果存有内在联系，说明中华服饰"十字型平面结构"系统格物致知命题的背后还有深层的精神内涵，其颇具研究价值。故带着这些问题确定了研究课题：清古典袍服结构与纹章规制研究。由此推断，弄清楚清代古典袍服结构与纹章规制的构成规律是否具有普遍性，值得从清官服结构匠制中挖掘纹章制度，这具有重要的考据学意义。

二、考据学探讨

所谓"一代之舆，必有一代冠服之制，其间随时变更，不无小有异同，要不过与世迁流，以新一时耳目，其大端大体，终莫敢易也"[1]，明末清初学者叶梦珠在该句最末所要表达的是中华服饰历经几千年的朝代变迁，虽小有异同，但本始规制不得异变。所谓"大端大体"可谓中华服饰"平面体""整一性""十字型"结构系统[2]未曾更变，就如同象形文字结构一样，在人类四大文明中唯一沿袭至今的只有汉字。这便是华夏族一脉相承于服饰上的基因特征。然中华服饰纹章制度亦是如此，因其基因未改它们也像汉字的结构与表象一样此消彼长源远流长。作为历代封建王朝礼制和宗族服饰礼教等级的"纹章制度"，不仅与服饰结构规制同源起于商周，且历代典章中皆有《舆服志》专项造册。那么同宗同源属内的中华服饰"十字型平面结构"与属外的纹章规制有怎样的内在联系？其构成机制，在学术界尚没有系统的研究成果，亦缺少专门的文献研究和整理。然而，该项研究的关键在于中华传统服饰结构谱系中的礼制价值是什么？故在清官袍十字型平面结构与纹章规制课题研究中试图有所突破，而这个关键点就是在尚无确凿文献的情况下对有纹章的官袍标本进行系统研究和整理，通过这些一手材料的梳理结合文献研究确立基础理论架构。

通过对北京服装学院民族服饰博物馆清官袍标本进行系统的信息采集、测绘和结构图复原工作，再追溯文献进行综合考证，初步确立了清官袍"十字型平面结构"对纹章经营位置的坐标具有"准绳"作用的理论。而该发现和研究成果将对中华古典服饰官服和宗族服饰纹章制度的研究具有考据学的重要意义和文献价值。然而，这也需要借助中华服饰"十字型平面结构"系统的研究成果。

三、问题路径与发现

对课题研究的破解分析，可以联系到人类伊始的朦胧意识思想层面开始连接自然环境而产生的服饰原始形态，即"套头"（贯首衣）和"对襟"形态（人类最初的两种服饰形态）。"十字型平面结构"，是对人类发展到一定阶段后出现的阶级性服务，纹章的加入是它的高级形态。同时，该服饰结构和纹章的位置经营又反作用于社会的等级礼制，从而为当代学者研究古人的思想状态和伦理学的由来提供了真实可靠的实物证据。

（一）从"十字型平面结构"的"格致"精神到破解纹章规制的路径

"十字型平面结构"是中华民族传统服饰结构的共同基因[2]，其典型特征从商周时期一直延续至清末民初，"十字型平面结构"历经五千多年的朝代演变未曾变更，直至西方列强的坚船利炮动摇了几千年中华帝制的根基，也迎来了中山装和旗袍以颠覆"十字型平面结构"

为标志的服制变革，使之不再是唯一的选择。然而从商周时期道儒礼教建立伊始，华夏民族就开始了宽衣博带的服饰文化。受农耕社会形态影响，小农经济体构成的封建社会中每个阶层对自然界都存有"三分敬畏、一分惧怕"的心理，因而宽衣博带的"十字型平面结构"服饰是人与自然融合的造物形态，具有一定"造物崇拜"的自然观（黑格尔称其为"第二自然"）。经济基础决定上层建筑，清前三千多年封建政体下的农耕文明，其生产方式均以家庭式自给自足的手工作坊为主，生产用品虽精工细作，但耗时长且产量低，因而人们对物质的生产在孔子时期就形成了以"格物致知"为准则，寻求物尽其用的科学原理和营造手段，这种物质匮乏下产生"俭以养德"的精神文明，造就了"十字型平面结构"的中华服饰形态，重要的是到了宋代在精神层面上其最大限度地迎合了理学"存天理，灭人欲"的宗族道德传统，从此它不仅成为官方哲学的正统，还具有了深刻的社会属性。故宋章服表现出极其"禁欲"的风貌。

就官袍结构和纹章规制的关系而言，清之前的历朝历代"十字型平面结构"更多是暗含"敬物"的结构特点。如马王堆一号汉墓出土的袍服，利用"十字型平面结构"和布幅纱向的设计增大拥掩量，唐、宋、元、明各代袍服在"十字型平面结构"框架内，利用幅宽、接袖等实现"敬物"理念[3]。可见，"十字型平面结构"不仅满足农耕经济下物质匮乏的情况，同时这种结构使织物最大限度保持了它的完整性，就像一幅超大的画帛，为帝王、文武百官实施官服的纹章制度提供了绝佳条件。清代官袍纹章制度走到了极一时之盛，可谓清代完备的礼制社会等级的独特物态表象。然而封建社会末期一切礼制均变得迂腐刻板，人们的审美被专权的礼制压抑得不再富有生气，最具代表

清古典袍服结构与纹章规制研究

性的就是清宫廷服饰纹章规制，在中华服饰"十字型平面结构"系统上，华丽的章纹铺陈，甚至看不出本料的底色。在严酷的服饰等级制度下，人们不得不在繁复严酷的章制中寻找工艺之美的慰藉，造就了清代极负盛名的"十八镶滚"等服饰装饰技艺，其制作工艺达到了空前高度，这与追求官袍纹章的等级制盛行有关。而清代官袍纹章规制是依据于中华服饰"十字型平面结构"的基础骨架之上，是"格致"（科学）的命题，亦是"礼制"的命题。因而"十字型平面结构"对于清代官袍，是否更多表现为对纹章经营位置的规界作用？在对章服的标本实物考据后或许会有所发现。

（二）从"十字型平面结构"的"准绳"到清官袍纹章的"礼制"作用

标本研究选取了全部清末官袍典型的团章样本。通过对北京服装学院民族服饰博物馆——两团（补子）、四团、八团、九团十二章官袍标本和八团袍料的信息采集、测绘和结构图复原的系统研究发现，官袍"十字型平面结构"对其纹章的经营位置具有"准绳"的规界作用，"十字坐标"赋予纹章"准绳"的礼教意义将使得中华服饰"十字型平面结构"系统"敬物尚俭"的造物理念提升至"礼"的层面。这或许对古老的"深衣准绳"记载找到了有力的实物证据。

"准绳"自西汉《礼记》制衣法则就有记述，《礼记·深衣》载，"古者深衣，盖有制度，以应规、矩、绳、权、衡。……制十有二幅，以应十有二月。袂圜以应规，曲袷如矩以应方，负绳及踝以应直，下齐如权衡以应平。故规者，行举手以为容，负绳抱方者，以直其政，方其义也。"[4] 其中"绳"代表衣服中轴线由颈直通至两踝，通直以应规正直顺❶。可见，"准绳"法则作用于衣制已有数千年之久。清前朝主要表现在以"十字型平面结构"用"准绳"法则规界服饰结构，达到"坐标"的目的。而清代官袍以纹章为盛，因而"十字型平面结构"对服饰纹章的规范法则应同属一宗，并没有因异族统治而放弃华夷古制。然而，因服饰穿着效果导致无法通过外观视图看出纹章如何被"十字型平面结构"规界，但若将其恢复到平面裁剪状态是否能发现"十字坐标"规范纹章布局与礼教制度的奥秘？这一探究发现将具有重要价值。

通过对清代宫廷服饰规制的文献梳理和北京服装学院民族服饰博物馆馆藏典型官袍样本的数据测量、绘制和结构图复原，发现在以纹章数量、形状规范所表述的礼制等级的清代宫廷服饰系统中，纹章的经营位置表现为以"十字型平面结构"为"准绳"的相对对称形式，纹章的分布形态呈现规整的制式化排列于服饰"十字型"坐标周围，却不再如前朝随意生动。这种屈服于礼制法统形成的对称美，使得中华民族对"原始自然观"的追求遭受禁锢，因而形成了清代官袍纹章制度等级严酷的"丰富多彩"、秩序井然的面貌。其间，将"敬物尚俭"的自然美学交融于制式纹章内在的有限变化中，加剧了封建末期禁锢的礼教和无法行进的封建社会体制集中而强烈的显现在服饰样貌上，而这样的结果有其深刻的历史根源和文化传统。

---

❶　王文锦《礼记译解》，北京：中华书局，2001，09：876。

（三）十字标尺与纹章的"经营位置"

　　清官袍纹章的"经营位置"，依据礼法规界纹章布局的准绳便是
"十字坐标"，采用纹章"先绣后缝"（先平面后立体）的袍料处理程序
便成为最有效的方法（图1-2）。然而，这个传统植根于中国深厚的绘
画实践和画理论的"经营位置"学说。

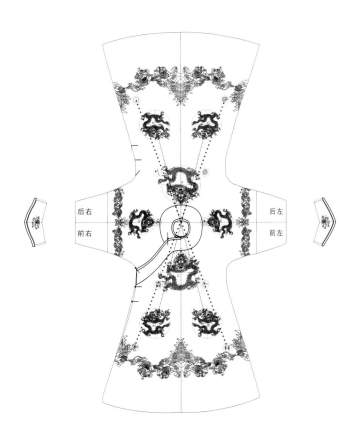

图1-2　清九团十二章龙袍纹章的经营位置

"经营位置"理论于清代布颜图的《画学心法问答》中已很完备，于宋起的画理论述中皆有系统表述，郑绩的《梦幻居画学简明》中关于"经营位置"理论的界尺篇载："文人之画，笔墨形景之外，须明界尺者，乃画法界限尺度，非匠习所用，间格方直之木间尺也。夫山石有山石之界尺，树木有树木之界尺，人物有人物之界尺。……如人坐石上，脚踏平坡，则人脚应与石脚齐；人坐亭宇，门檐可容出入。近人如此大，远人应如此小，推之楼阁船车，几筵器皿，皆然，所谓界尺者此也。至云'丈山尺树，寸马分人'，亦界尺法。"[5]可见"经营位置"在中国传统绘画美学上有着极其重要的地位和学术成就。在形成此"画论"之前，一定有过无数次的伟大实践，最具代表性和开创性的是汉代帛画，它以近乎严酷的宗法语言符号（纹章）按天堂、人间和地狱经营位置，可谓古人天人合一宇宙观最早物化表象的证据。它不仅体现一个时代的审美倾向，更是该时代官方思想和人们行为意识独有的烙印，重要的是这种将纹饰置于严格的经营位置的帛画之中可谓是最早有关"纹章"制度的实物证据，其纹章布局所依据的十字标尺也是显而易见的（图1-3）。这种继承先秦的匠制法度到汉代已发展成型，也不可能不影响到与帛绢相类似的丝绸服饰技艺上。其实从周代开始对历代帝王冕服纹章的经营规制都有记载，只是没有发现实物证据。周锡保先生在他的《中国古代服饰史》中通过系统的文献整理、绘制了晋武帝冕服图说。在纹章经营上有这样的记述："上衣无纹饰，右肩有一月纹，左肩有一日纹，惟袖有黻纹，袯有山纹及黻（两己相背）纹（上有若黼纹者，或系修补痕），裳有山、星、黻纹，根据冕服的古制十二章是八章在衣，四章在裳；九章是衣五章，裳四章……。惟至晋始将平冕加于通天冠上的，领袖作黻纹是对的"（图1-3）。清官袍纹章的经营，从袍料的设案技术来看，几乎像一幅帛画的制作，只是帛画依据文心想象的法度，袍料纹章遵循的是礼教仪规（参见图1-2）。以物相剖析特定时代下的纹章内涵和思想动向更具可靠性，同时也为标本的实证研究提供了真实可靠的技术方法和路径。

　　在对北京服装学院民族服饰博物馆馆藏典型样本官袍纹章结构和坐标进行信息采集、绘制和结构图复原工作中，以每件官袍前、后中心线

长沙马王堆一号汉墓彩绘帛画（幡）①　　　　　　　　　　冕服名称图说②
可视为最早纹章制度的实物

图1-3　汉墓出土的彩绘帛画与晋武帝冕服名称图说

① 湖南省博物馆、中国科学院考古研究所《长沙马王堆一号汉墓》（上集），北京：文物出版社，1973：40。
② 周锡保《中国古代服饰史》，北京：中央编译出版社，2011：52。

与肩线构成的"十字"坐标为基础，将分布在"十字"坐标周围的主体
纹章按顺序编号，分别量取单个纹章大小，后以每个纹章中心点为参考
点量取其距"十字"坐标横、纵轴的垂直距离，以此数据分析主体纹章
之间的关系，及与"十字型平面结构"的构成机制。因而，以"十字坐
标"为"准绳"的官袍纹章结构与坐标关系测量所得结论——清官袍纹
章"经营位置"之布局形态。后对其做系统性研究与整理，并结合文献
考证探寻该布局规制是否具有普遍性，需要在此次研究中予以解答。然
而，以实际测量所得的一手材料进行清官袍纹章的解析式考论，目前尚
无先例，此结论将对中国清官袍纹章与结构关系的研究具有标志性意
义，对中国古代服饰史论基于结构的断代研究是一项开创性工作。

四、研究方法

　　王国维为什么要强调"考献"和"考物"并重考物的证据作用，是因为他在研究甲骨文甲骨标本的时候发现了《史记》的错误，考物的结论往往是对文献的补充、修正、完善，甚至改写历史。因此他认为对文献都要持怀疑态度，从此以后就形成了疑古、释古、考古的考据学派，奠定了我国近现代学术科学研究方法的基础。而对中国古代服饰技术的研究则不被重视，特别是结构研究，认为这是裁缝要做的雕虫小技，存在着固有的学术偏见，匠作靠口传心授的传统使主流文献存在很大的局限。因而，本次课题研究采用文献与标本并行，重标本的研究方法，以解剖麻雀式的方法复原每件标本的结构细节，从而实现用真实的历史物证结合文献载述客观的解读古人的造物观和表象背后的动机。

（一）文献与标本相结合重标本的研究方法

　　由于清宫服饰制度繁密，且留世标本数量较大、系统性强，故国内学术界对其研究大体保持在文献与标本结合重制度文献的研究上，对标本研究处于重两头轻中间的局面，即重形制的史学研究和古织物的科学研究轻技术研究，特别缺少标本结构考证的科学依据，尚未形成像青铜器、瓷器文物一般对单一样本进行结构的系统性整理和实验性研究，这可能与保护古代纺织品的文物政策制度有关。因此，至今没有形成权威的中华古典服饰结构谱系的研究成果。此次，在文献与标本相结合重标本的研究方法中，试图探索和丰富清官袍实物考据的新思路，对标本采用解剖麻雀的研究方法是关键。依托北京服装学院民族服饰博物馆馆藏实物的研究，该问题得到了根本性解决，对馆藏最具代表性的清古典袍服精品样本进行数据采集、测绘及结构图复原，通过对标本纹章内在结构数据与文献的综合分析，探索清官袍纹章与"十字型平面结构"的构成机制并取得重要发现和研究成果。

（二）清官袍结构与纹章规制文献考证的局限和标本研究的意义

清代留存至今有关官服规制的文献以《清会典》《清会典图》《清会典事例》《清史稿》《皇朝礼器图式》《清稗类钞》等官方文献为主，这类文献均以外观面貌的线稿图录为线索配有装扮指引的文字记载。因中国制衣自古以师徒口传心授为主，少有裁剪制作流程和法则的图文记录，故其结构细节、算法、制作程序不曾留世，只有用于皇家和命官的部分手绘、外观图和纹章图样的传世献本，且没有相应的规制文字和设计记录，因而从样稿到成稿的技术过程便成了谜。实物的测量和结构复原图会为这些不足提供完整服饰结构和纹章关联研究的支撑材料。同时，现今对清宫服饰的研究以故宫博物院为首，先后有《清代宫廷服饰》《天朝衣冠》《故宫博物院院刊》等相应依靠实物考据的研究成果。该类成果系统地梳理了清宫服饰制度和留存标本的情况，为今后的标本研究提供了真实可考的实物面貌，但却尚未对清宫服饰结构、裁剪工艺等是否受制于纹章规制进行系统研究，而该类研究需依靠大量的结构、材料、技艺的信息采集、测绘和实证考据，才有可能真实还原和记录这种口传心授的动机、形制和技艺的流程状况。梁启超先生曾在《清代学术概论》中提到清代学术研究要"实事求是""无证不信"[6]的科学研究思想，梁思成先生也说过"搜集实物，考证过往"[7]，强调了标本研究不可替代的重要性，先生秉承了王国维"二重证法"（文献和实物互证法）的考据学派传统，可见，重实物研究的考据学研究方法俨然已成为先辈研究治学的基本手段。至此，在当今民族复兴的大潮中，实证考据研究的学术传统更需要传承和弘扬，用客观的学术调查和考据研究保留民族物质文化，为后人的学术研究、艺术创造留下可以依寻的传统治学理念❶。

此次对北京服装学院民族服饰博物馆馆藏清代官袍标本的信息采集和测绘工作几乎做了地毯式的整理与工作流程的设计，这要得益于当年梁思成先生的中国古建筑实地普查和测绘工作所留给我们获取一手材料的记录、心得、论述等大量的文献遗产和研究方法。梁思成先生在乱世中勘探、测量、绘制等抢救性的著述成为研究我国古建筑最可靠、系统和权威的一手文献资料。如今我们于和平年代将古代中国留下的清宫有价值的服饰标本进行全数据测量、绘制和结构图复原，解析传统服饰文化精髓，将考据的过程、结论整理留存以获甄录。这同当年梁思成先生对中国古建筑奠基式和开创性的工作具有同样价值和意义，但我们的努力还远远不够。当今中国文化领域依然跟随西方步伐，中国服饰文化的抢救、传承和复兴夹杂了太多的商业和经济利益，传统服饰的实证考据研究必须得到重视，它不仅为保留属于我们民族自身的服饰文化脉络，更重要的是坚持和完善中华传统服饰考据学研究的学术精神与科学态度。在这种理念和态度指导下的研究过程中意外发现了中华服饰"十字型平面结构系统"与清官袍纹章制度在标本中的紧密关系。因文献少有记录，此次实证研究的成果便具有重要的文献价值。

---

❶ 该句引自梁思成的《中国建筑史》："艺术创造不能完全脱离以往的传统基础而独立。""以客观的学术调查和研究唤醒社会，助长保存趋势，即使破坏不能完全制止，亦可逐渐减杀。"

（三）标本信息采集和结构图复原

在对北京服装学院民族服饰博物馆馆藏清官袍的系统整理中归类有价值的样本，为标本的结构研究提供了绝佳采集一手材料的机会和实证数据的学术基础。而结构测绘近似解剖麻雀式的工作，依据博物馆样本研究的规范要求，对其形制、结构、制作技艺作真实客观的记录，这为现代人了解古代制衣工艺、法则和对文献的全面了解及深入认识尤为重要。就好比在了解一国文学之前，先要学习其文字和语法句式一样 ❶。因而，对传统服饰标本的结构研究，为探索走向盛极的清官袍纹章规制之门的开启或许找到了一把钥匙。

此次在北京服装学院民族服饰博物馆馆藏众多的清代服饰中精选出 8 件具有纹章形制典型性和代表性的清代官袍样本，其中 2 件女子吉服褂、1 件女子吉服袍、1 件袍料、2 件补褂、1 件蟒袍、1 件龙袍，它们均类属于吉服形制，基本涵盖了两团（两补）、四团、八团、九团十二章典型纹章袍服的类型。博物馆标本研究工作于 2014 年 4 月起始至 2015 年 3 月结束，加上补遗的样本研究时间，历时两年多完成全部的信息采集、测绘工作。信息采集和测绘内容包括服饰的外观结构、主结构、主结构毛样、衬里结构、衬里结构毛样、贴边结构、面料纱向、纹章结构布局、纹章内容和形式，以及标本影像和工作流程的拍摄等。所用工具有卷尺、90 厘米（cm）钢尺、丁字尺、标记线和微观察仪器等。标本研究以 1∶1 全数据采集为主，衣身、领子、袖子、下摆和其他特殊结构数据。因测量内容类属文物，测量过程严格按照文物研究的工作流程执行，不能对标本做任何破坏性的实验和作业，因此某些已缝合的局部数据可能存在误差或无法取得，该情况虽不可避免，但并不影响实验结果。此项工作重点在于对一手材料和手稿的研究整理：包括标本的测量数据记录、分析讨论记录、草图绘稿、影像采录、数据采集绘稿、标本的数字化工作等，这项极具繁复、耗时和细致的工作为本书结论和研究成果提供了不可或缺的一手材料，可谓铁证的发现（图 1-4、图 1-5）。

---

❶ 原句摘自梁思成《中国建筑史》。

初期标本研讨制定信息采集方案

标本细节拍摄

标本测绘

标本信息采集

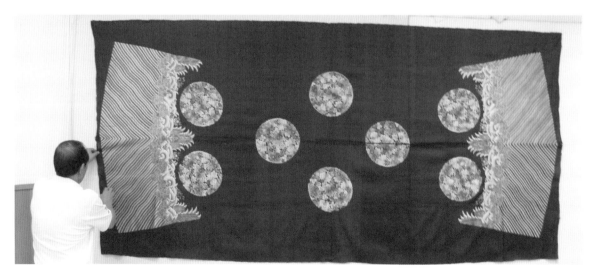
标本拍摄

图 1-4 标本研究的工作流程

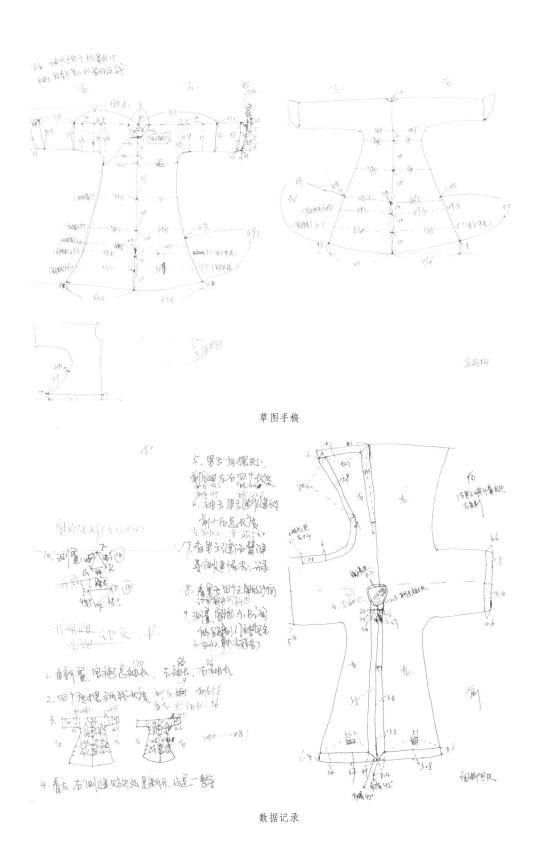

草图手稿

数据记录

图1-5

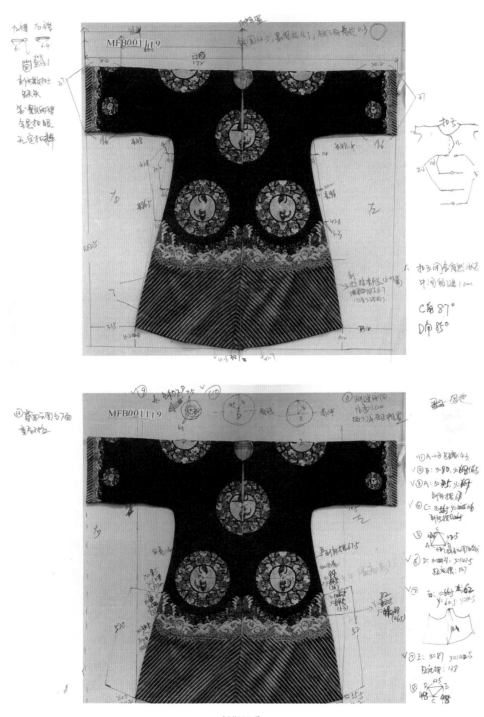

问题记录

图 1-5 标本研究的草图手稿、数据记录与问题记录

清 古典袍服结构与纹章规制研究

梁思成先生在古建筑普查测绘工作中倡导以现代手段记录建筑完整的结构数据，以求获取其全方位元素的数字信息，甚至运用这些数字技术文案，在任何时间和地点可以复建。该手段作为当代考据学派的研究范本很好的记录了中国传统建筑的外貌与内部结构的全部信息，这种高质量、专业化、系统性文献本身就成为中国古建文化遗产重要的组成部分，给后人的中国传统建筑研究留下了一个珍贵的文献宝库。鉴于此，北京服装学院民族服饰博物馆馆藏清官袍的全数据采集与测绘的作业流程和方法，从梁思成先生古建研究中得到很好的启发和指引。例如，标本结构采集所得全部数据信息采用现代数字化制图技术还原原始形态，并以文献形式载录。此外，标本结构图复原与测绘工作同时展开，可及时弥补在复原工作中缺失的数据。该过程利用 CorelDRAW、Illustrator、Photoshop、CAD 等现代制图软件完成，全程历时一年多，共完成近 100 张结构复原图，后续略有调整。这便会使标本的一手材料以数字的形式更加客观准确、高效而全方位的记录下来（图 1-6）。

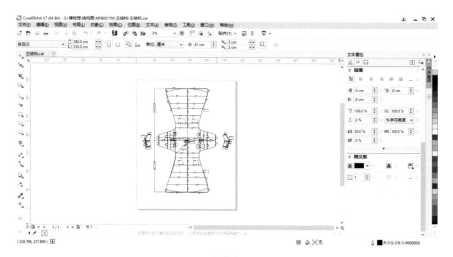

主结构

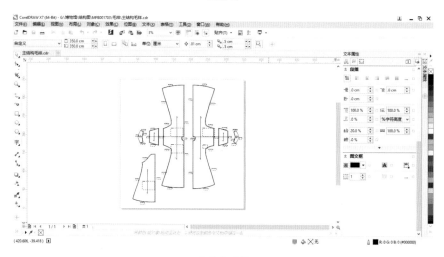

主结构毛样

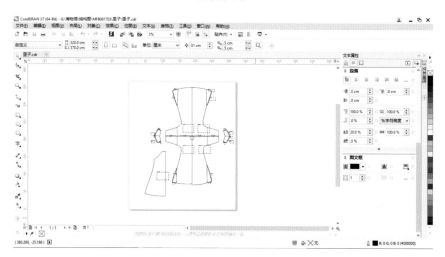

衬里结构

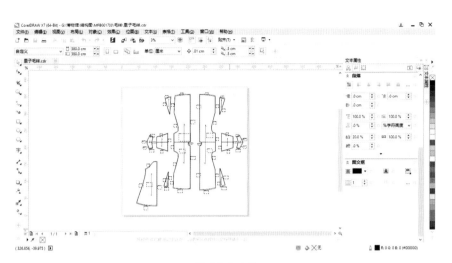

衬里结构毛样

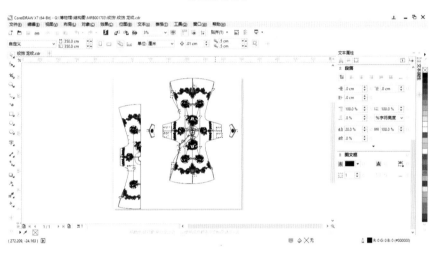

纹章结构布局

纹章绘制局部

图1-6　标本信息采集与测绘的数字化整理

（四）实验数据结合文献研究的实证方法

博物馆标本研究必须以精、深、实为目标，精，即形制信息要精准；深，即要深入到解剖麻雀似的结构信息采集；实，即采集、测绘和复原的结构信息需真实可靠。这也是文献的逻辑推导无法做到的。但如此标本研究不会是普遍性的，因为标本采集不可穷及全部，而是有针对性、典型性的。这就需要解决概率性的数据问题，有效的采用实物结合文献考证的对应分析，对标本实验与数据分析前期工作所得一手材料和文献信息进行相关比较学研究，以此深入剖析找出客观的普遍规律。该方法属实证研究中的个案和文献相结合的研究路线，是由个别到一般、经过程序化从定量到定性分析，探索研究之物是否具有某种普遍规律的研究方法。以此与文献考证研究手段互为承接，使所构建的理论更具客观性、严谨性和可靠性。

因此，通过对北京服装学院民族服饰博物馆馆藏清代官袍标本的数据采集、绘制和结构图复原实证所得成果与文献研究结果高度吻合的事实，成为"清古典袍服结构与纹章规制研究"的实物考证基础。

参考文献

［1］ 叶梦珠. 阅世编［M］. 上海：上海古籍出版社，1981.

［2］ 刘瑞璞，陈静洁. 中华民族服饰结构图考：汉族编［M］. 北京：中国纺织出版社，2013.

［3］ 李洪蕊. 中国传统服装"十"字型平面结构初探［D］. 北京：北京服装学院，2007.

［4］ 王文锦. 礼记译解［M］. 北京：中华书局，2001.

［5］ 王世襄. 中国画论研究［M］. 广西：广西师范大学出版社，2010.

［6］ 梁启超. 清代学术概论［M］. 上海：上海古籍出版社，2005.

［7］ 梁思成. 中国建筑史［M］. 天津：百花文艺出版社，2005.

第二章

中华传统服饰结构与形制的流变

《尔雅》讲"服，整也"，然服喻之齐整[1]，是先人用来统治规范人民的制度之一。历经八百多年的朝代演变至东汉，服已由"整也"释为"用也"❶，可见服饰已从贵族阶层的统治工具变为人们日常生活的消耗品，其意义变化之大可谓一般。也正是如此，才有了中华民族几千年灿烂的服饰文明。然之于服饰结构流变的探讨，基于前人成果"十字型平面结构"试做简单梳理，总体阐述中华服饰在"敬物尚俭""天人合一""天人同构"到礼教制约下的结构形态演进的过程中始终没有脱离"十字型平面结构"这一中华民族的古老基因。它与中华象形文字一样稳固而源远流长，若这与充满纹章制度的古典华服形态特征不存在关联是值得怀疑的，因而需要先认识一下"十字型平面结构"的演变历史。

---

❶ 用也：原文为"服，用也"，出自汉・许慎《说文解字》[2]。

一、十字型平面结构的古老基因

"十字型平面结构"即中华民族服饰结构基本形态，以"平面体""整一性""十字型"[3]为特征。它就像汉字一样已经超越了民族表征的文明符号而形成"丝绸文明"和"羊毛文明"，两大东西方服饰文化形态。丝绸文明造就的"十字型平面结构"，无论后代礼制如何完备，异族统治如何强权，服饰形制如何变化，由于华夏文化"扩散"和"内省"机制影响下的各个民族，历经五千年的朝代流转，其服饰亦未走出"十字型平面结构"这个基本形态。然此刻所讨论的"十字型平面结构"或许与周礼同时登上历史舞台，亦或许更早便有了萌芽，而在此对"十字型平面结构"如何产生不做过多讨论，因该问题仍需大量文献和实物进行佐证分析或可解答。在此，以前人研究为基础，通过文献收集、整理试呈现中华服饰结构形态的流变过程，为后文做有力铺垫。

（一）一种文明的命题

中华民族五千年的历史朝代更迭，无论汉族或其他少数民族统治，不变的是她们都秉承了汉文化统治为正统。因此，很多学者认为，"中华民族"一词，并不是一个种族概念，而是一个文明概念（许嘉璐在"东亚文明交流国际研讨会"上演讲的主要观点）。它的先进性在于"民族文化扩散和内省的机制"❶，因此，这种汉文化的文明进程几乎在任何一个朝代都会上演：公元前307年赵武灵王胡服骑射，作为汉族这叫"内省"，作为胡族这叫"扩散"。魏晋时期，398年，鲜卑族拓跋珪称帝，定都平城，史称北魏，经历了兴佛灭佛的动荡，孝文帝在位（471—499）为继承祖愿，进行了全面的汉化改革，为宣示这种"汉族"决心，494年孝文帝力排众议决定从平城迁都洛阳，推行"汉统"，作为鲜卑族这叫"内省"，作为汉族这叫"扩散"。唐朝641年，文成公主入藏是中华民族历史上最大的"汉藏文化和亲"。1004年，北宋与辽缔结的"澶渊之盟"维持了双方百余年的相对和平。元朝更是以汉文化治理为正统，1271年，忽必烈接受汉臣建议，建国号"大元"，是为元朝。明朝建国伊始，建元洪武，朱元璋做的第一件事便是诏令服制恢复唐律，后设锦衣卫，以特务政治强化皇权专制，并赐曳撒，文武官员官服从里到外称贴里（辫线袍）、褡护和盘领侧耳袍，这些称谓源于蒙语发音，可证承袭元制。清朝自顺治帝1645年迁都北京，1648年下谕旨为使满汉官民亲睦，允许联姻，清廷开始设立六部汉尚书、都察院汉左都御史。清末民初的"旗袍"几乎就是满汉文化的融合体。这些都是民族文化扩散和内省的一幕幕生动剧目。还有历朝历代的纳贡制度，到了大清有宗藩关系的属国多达二十个，包括高丽（朝鲜）、琉球（19世纪中叶日本强占）、越南、南掌（老挝）、暹罗（泰国）、缅甸、廓尔喀（尼泊尔）、苏禄（菲律宾）等。如此之多的朝贡国，表面上看是宗国年年得到丰厚的纳贡，而恰恰相反的是"纳轻赐重"，其实更重要的是先进的汉文化早已成为黑夜的明灯，她们希望被照亮，因为文明不是赐予是交流，以此练造民族文化的扩散和内省机能，汉字的传播是这样，服饰文化的传播也是这样。因此，中华民族"十字型平面结构系统"的

---

❶ 许嘉璐：北京师范大学人文宗教高等研究院院长，中国文化院院长。他在"东亚文明交流国际研讨会"上指出，民族文化的扩散和内省，如同"礼闻来学，不闻往教"（《礼记》），往教和来学所传输的内容必须符合对方的国情和历史。

古老基因，并没有停留在中华大地上，而在这些古老的属国中也被很好地传承着，如日本和服、朝鲜高丽服、越南和泰国民族服装等。

（二）中华传统服饰结构谱系

《礼记·礼运》载："昔者先王未有宫室，冬则居营窟，夏则居橧巢。未有火化，食草木之实，鸟兽之肉，饮其血，茹其毛。未有麻丝，衣其羽皮。后圣有作，然后修火之利，范金合土，以为台榭、宫室、牖户，以炮以燔，以亨以炙，以为醴酪。治其麻丝，以为布帛。以养生送死，以事鬼神上帝，皆从其朔。"[4] 此段文字恰好完整描述了人类从茹毛饮血到刀耕火种的生活方式，亦是旧石器时代至新石器时代人类生活的演进过程。其中从纺织、服饰来看，上古先民已由蒙昧时代 ❶ 的兽皮衣过渡到穿着有较高生产水平的丝、麻制品。而正是由于生产力的跨进，人类文明开始步入秩序化阶段。

如果从可见到的远古文字面貌来看，中国从新石器时期的陶器图形文字（学术界还没有获得可靠权威的证据证明为中国最早的文字）到甲骨文和古埃及文字、古巴比伦文字及古印度文字都同属于人类文明最早出现的文字类型，它们的共同特点就是"象形"。然而到了公元 4 世纪以后，除了中华象形文字是在有序发展以外，其他的象形文字类型都走入瓦解和消亡，抑或分化成为字母拼写的文字系统。蒙昧时代后人类对服装结构的认识也是如此，几乎都是直接利用纺织品，这样可以最大化地使用它们，因为在极其低下的生产力条件下获取布料非常不易，因此就形成了人类初期服装"对襟"和"套头"的两种基本结构形态，前者以热带、温带为代表；后者以寒带为特征。也可以视为人类"十字型平面结构"的初始时代，换句话说，"十字型平面结构"就相当于人类文字的"象形"时代，包括古埃及、古巴比伦、古印度、古希腊和古中

---

❶ 蒙昧时代：指人类在历史上曾经经历过的原始社会早期特定社会发展阶段。美国社会学家、民族学家 L.H. 摩尔根在《古代社会》一书中首次使用"蒙昧时代"这个概念。

国。而到了 14 世纪除中国的其他文明，"十字型平面结构"逐渐被"分析的立体结构"所取代，最具代表性的就是格陵兰长裙的发现，它是欧洲服装结构从平面到立体的标志性样本，之后"分析的立体结构"便成为欧洲服装历史结构的主体直至今天。而中国一直沿着"十字型平面结构"发展，直到改良旗袍和中山装的出现（表 2-1）。

当人类由新石器走来流逝转换历经四百多年的部落战争后，华夏土地上第一次形成了具有国家概念的朝代——商代。伴随分封制、世袭制等政治制度和等级制度的逐渐完备，人类服饰同样出现了等级制度下的不同类别，且具有场合和功能性特征（商代首次建立完备的祭祀服饰制度，即国家最高等级服饰）。至公元前 1046 年西周建立，人类开启了以礼法、宗族制度为核心的社会体制。于此，服饰制度的完善过程亦被赋予周礼和宗法概念。然而西周所处时期亦是人类由奴隶社会至封建社会的过渡阶段，生产的进步使人类纺织技术大跨步迈进。山东临淄郎家庄 1 号东周墓出土的纺织品残片经密已达到每厘米 112 根，纬密每厘米 32 根[5]。可见，当时的纺织技术已相当发达。

然而，历经春秋战国"礼崩乐坏"的东周，强权争霸了五百多年，当朝代更迭历史推进再一次形成集权国家秦、汉两朝时，中华服饰不仅具备了礼法等级特征，更渗透着科学精神和理性智慧，这主要表现在结构上，如小腰结构、上衣下裳规制的建立等。从湖北江陵马山一号楚墓出土的战国时期小菱形纹锦面绵袍[6]到汉代深衣可以看出，服饰形制已由上下分体式过渡至连体式，至此"十字型平面结构"的服饰特征更加明显且进入了成熟期。这是华夏大地的权力更迭从集权到分权抗衡，再到集权过程的物质文明表现，至隋唐时期权力再一次集中时，服饰形制形成了多民族文化交流的多元形态，在秦汉基础上吸收异族文化，服饰整体呈现"既规范又自由，重法度仍灵活"[7]的特点。

至宋、元、明、清时期，服饰在平面裁剪下的"十字型平面结构"的基础形制愈发明显。江苏金坛周瑀墓出土的宋代素纱单衫❶、明代的圆领大袖袍、北京服装学院民族服饰博物馆藏清代灰蓝织金龙缂丝云

---

❶　事例引自刘瑞璞、陈静洁《中华民族服饰结构图考·汉族编》，北京：中国纺织出版社，2013：60-61。

表 2-1　中国和其他古代文明服装结构比较

类别	中国	其他古代文明
服装基本结构 公元前 4000 年	中国基本结构	欧洲基本结构
公元前 800—前 146 年	外观图 结构图 战国素纱绵袍①	埃及袍服⑦ 希伯来人长袍⑧ 古希腊希顿⑨ 双腰带希顿⑩

类别	中国	其他古代文明
公元前 200—公元 476 年	汉代曲裾深衣②	古罗马丘尼克⑪
10—12 世纪	宋代袍服③	德皇加冕袍⑫
13—16 世纪	明代袍服④	格陵兰长裙⑬
16—19 世纪	清代袍服⑤	中世纪女人的紧身衣和长裙⑭
20 世纪中叶以后	50 年代女子旗袍和民国初年男子长衫⑥	塔士多三缝结构⑮

①②③④⑥图片来源：刘瑞璞、陈静洁《中华民族服饰结构图考·汉族编》，北京：中国纺织出版社，2013：35、40、61、77、291。

⑤标本来源：清代灰蓝织金龙缂丝云纹蟒袍，北京服装学院民族服饰博物馆馆藏实物。

"十字型平面结构"在先秦已经很完善，这一中华古典服饰结构的基本形态一直保持到清末民初。

⑦⑧⑨⑩⑪⑫⑭图片来源：Carl Kohler. A History of Costume［M］. New York，Dover Publications，INC：55、68、69、101、102、116、148、343、345、158、159。

⑬格陵兰长裙"分析的立体结构"的形成是西方服饰结构从平面走向立体的标志。

⑮图片来源：Norah Waugh. The Cut of Men's Clothes1600–1900［M］. New York，Theatre Arts Books：142。

纹蟒袍及民国时期的男女长袍等标本实物的平面结构图显示，"十字型平面结构"已然成为中华服饰的基础结构骨架，形成了以汉民族为代表，以"十字型平面结构"为特征一统多元的中华传统服饰结构谱系（表2-2）。

表 2-2　中华古典服饰"十字型平面结构"的流变

标本名称	外观图	结构分解图
战国·小菱形纹锦面绵袍[①]		
宋·素纱单衫[②]		
明·圆领大袖袍服[③]		
清·灰蓝织金龙缂丝云纹蟒袍[④]		
民国·男装棉袍[⑤]		

①②③⑤ **图片来源**：刘瑞璞、陈静洁《中华民族服饰结构图考·汉族编》，北京：中国纺织出版社，2013：30、61、77、291、302。

④ **标本来源**：清代灰蓝织金龙缂丝云纹蟒袍，北京服装学院民族服饰博物馆馆藏实物。

（三）汉族和少数民族服饰结构一统多元的中华气象

在中国几千年的历史长河中氏族、宗族、城邦之间的战争不断，合久必分、分久必合的权利更迭和朝代兴衰，深刻影响着华夏土地上的民族交流与融合，造就了一统多元的中华气象。从赵武灵王的"胡服骑射"到唐代汉服、胡服的和平共处，再到元代蒙古族入主中原的质孙服制❶，以及清代满族统治下的马蹄袖箭衣❷的满汉联姻。可见中华文化脉络是以汉文化为核心各民族文化交融互通的形式存在。如果从服饰结构系统深入研究会发现，文化的交流与融合造就了少数民族服饰与汉族服饰你中有我、我中有你的结构特点。它们个性犹存星汉灿烂，然而它们都共同坚守着一个共同基因——十字型平面结构。

---

❶ 质孙服制：《元史》中定义"质孙，汉言一色服也""预宴之服，衣服同制，谓之质孙"。质孙服形制上衣下裳，衣身紧窄下裳较短，腰间无数襞积并在肩背贯以大珠。该形制缘起于元，受蒙古服装制式影响，被明代沿用。
❷ 马蹄袖箭衣：即清代满族统治者于服饰上保留的本民族形似马蹄和弓箭的袖子与披领，因而该形制特征用来形容清满族宫廷服饰被学术界应用。

《诗经》有言"维天有汉，监亦有光"，而"汉"在这里指云汉、银河[8]。该译注也恰与汉民族强大的文化包容性不谋而合。汉文化在几千年的权利更迭下从未中断，并源远流长。汉族服饰亦如此，以"十字型平面结构"为基础的宽袍大袖延续千年，从上古炎黄时期的贯首衣到夏商周秦汉的交领大襟，再到宋元明清的右衽大襟，虽外在形制有变但主体"十字型平面结构"稳固如初，且由秦汉时期固定下来的右衽交领大襟，成为中华古典服饰形制的标志。与此同时，汉文化的包容使少数民族自古长期与汉民族保持经济互通和文化交流，因而其服饰虽保有民族特征但形制已然受到汉文化的影响。如西南少数民族的女子长袍原始形制为贯首衣，蒙古族袍服始出左衽形制，其服饰结构通过元朝兴汉政策，蒙袍与汉族袍服形成同形同构的右衽式大襟，西南少数民族也抛弃了蛮夷时代的贯首衣采用了汉服大襟的典型样式。然而常年与汉族交往并没有丧失自己的民族性和地域性。这种文明的扩散和内省，促使族群的壮大，社会的进步，民族交融使先进的纺织技术较快传入，但地域和环境又需要保持他们的独立性，这就是达尔文所说的造物形态上的"特异性选择"。如西南民族的窄衣窄袖特征与汉民族的宽袍大袖不同，这就是民族多样性的表现。西南民族服饰虽汉化为右衽大襟的长袍制式，但前短后长的形制依然未变；蒙袍虽从"披发左衽"变为汉俗右衽，但他们保留了窄袖的骑射功能。这也正是其为少数民族区别于汉族服饰的特征，其与山区、游牧和平原方便劳作有关，也就是民族的地域性表现，然而不变的是他们都坚守着"十字型平面结构"的中华基因。因为，农耕文明在当时总是优于原始的狩猎、采集和游牧的氏族文化（表2-3）。

表 2-3　汉族与少数民族服饰结构一统多元的表现形式

标本名称	外观图	结构分解图
汉族·红提花绸三蓝绣镶边挽袖女袄[1]		
纳西族·女子长衫[2]		
蒙古族·袍服[3]		

[1] **标本来源**：汉族红提花绸三蓝绣镶边挽袖女袄，北京服装学院民族服饰博物馆藏品，2001.08 收于山西。

[2] **标本来源**：纳西族女子长衫，北京服装学院民族服饰博物馆藏品，1992.12 收于云南。

[3] **图片来源**：蒙古族袍服，王丽琄《藏族服饰结构研究》，北京：北京服装学院，2014。

特异性表现在大部分少数民族都长期生活在群山环抱的环境中和游牧的生活状态下，与外界交流相对不足，因而服饰结构至今保持着中华服饰的原始形态。如云南基诺族和广西茶山瑶的对襟短上衣，虽形制为对襟但穿着时需将两襟交叉呈交领式。四川白马藏族的交领黑色斜纹布"插角式"女藏袍、海南润黎的贯首衣、贵州安普式苗族的"碎拼"窄袖上衣等，这些服饰的古老基因亦曾出现于辉煌灿烂的早期汉族服饰中，然而流传至今却与汉民族服饰的右衽大襟和规整结构的褒衣博带形成强烈反差。故该类少数民族服饰的交领、贯首衣和"碎拼"等结构已然成为后人了解中华服饰发展史的活化石，虽都采用"十字型平面结构"但又表现出不同民族的多样性，这种多样性既记录着中华民族的历史信息，又表现出多地域不同的文化生态。如此生动而深刻诠释的汉族和少数民族服饰结构一统多元的中华气象，成为人类服饰史上独一无二的文化类型（表2-4）。

表 2-4　少数民族服饰与汉族服饰"十字型平面结构"一统多元的"中华类型"

标本名称	外观图	结构分解图
汉族·红提花绸三蓝绣镶边挽袖女袄①		
广西茶山瑶·女子上衣②		
四川白马藏族·黑色斜纹布女藏袍③		

标本名称	外观图	结构分解图
海南润黎·女子上衣④	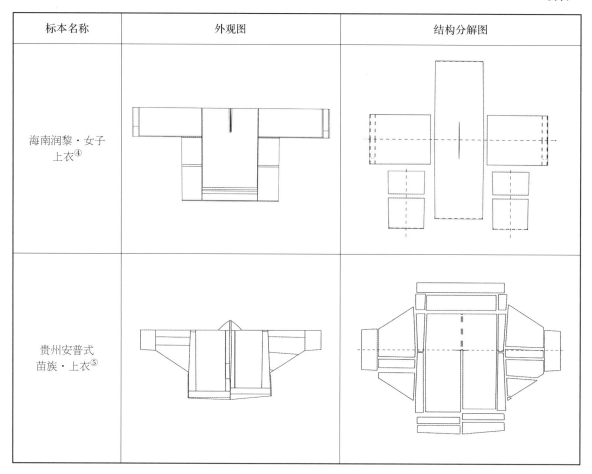	
贵州安普式苗族·上衣⑤		

① **标本来源**：汉族红提花绸三蓝绣镶边挽袖女袄，北京服装学院民族服饰博物馆藏品，2001. 08 收于山西。
②④⑤ 图片来源：刘瑞璞、陈静洁《中华民族服饰结构图考·汉族编》，北京：中国纺织出版社，2013。
③ 图片来源：王丽琄《藏族服饰结构研究》，北京：北京服装学院，2014。

　　就汉族服饰而言，"十字型平面结构"的稳固并没有抑制它们在形制上的发展与改变，这或许是中国封建王朝漫长朝代更迭频繁的写照。因此就有了上衣下裳的连属和分属时代，交领大襟和圆领大襟的时代，左右衽共治的时代，大襟与对襟共生的时代。值得研究的是"十字型平面结构"是统领它们的基本准则，这一定对漫长封建制度下的"纹章服制"提供了一个绝佳的条件，反过来亦成为中华古典服饰"十字型平面结构"不变的理由。

二、上衣下裳形制从先秦到清末的延续

自上古之"食兽肉而衣其皮" ❶ 至炎黄时代"垂衣裳而天下治" ❷,于"衣裳"的概念《说文解字》解:"衣,依也。上曰衣,下曰裳。……凡衣之属皆从衣。"从该注解来看衣为衣裳的总称,又分上衣和下裳两部分。然因此种上衣下裳的服饰形制自炎黄时期已有之,而至今所研究的主体课题清代官袍并无"衣裳"形制却有传承,看上衣下裳形制如何一步步走向清代,其间又蕴含怎么样的变化?

(一)上衣下裳的连属形制

因上古时代华夏先民尚处于蒙昧的原始社会阶段,对衣裳的概念尚不明确,只知将所获猎物的毛皮披挂于身上,而这种最初的衣裳形态或

---

❶ 食兽肉而衣其皮:原引自《五经要义》:"太古之时,未有布帛,食兽肉而衣其皮,先知蔽前,后知蔽后" [9]。

❷ 垂衣裳而天下治:原引自《周易·系辞下》:"黄帝尧舜垂衣裳而天下治,盖取诸乾坤" [9]。其实按照历史观去推断,黄帝尧舜时代并无"衣裳",也无"衣裳"的概念,而是有了衣裳时代写史的人,用当时的观念强加于他不曾亲历的时代。因此对准实物考证的文献更可靠。

许只是一种野蛮时期低下生产力的表征，并非具有现在衣裳的意义，但在其低下生产力和自然经济的情况下，对衣裳的遮蔽、保暖等生存功能却不可忽视。也正是该行为使得上古先民对衣裳有了上和下的概念性认识，致使这种可以满足不同功能的衣裳作为中华文化载体登上了历史舞台，其伟大之处，是其承载的"物质文明"。

夏商西周时期当华夏大地步入奴隶制社会时，衣裳形制伴随着等级制度孕育而生。以深衣为标志，上至帝王冕服下至百姓常服皆为上下连属制。究其原因可能与承袭着上古先民"裹布作衣"的传统意识有关。上升的城邦和宗族意识使战争频发，这促使经济发展和礼制意识形态逐渐成熟，连属制袍式因不适于战乱年代穿用，且妨碍百姓的劳动生活，逐渐被上衣下裳的分属制袴褶❶所代替。但上衣下裳的连属制袍服依然存在，且作为华夏族统治者的标志沿用几千年，其间以商周穿用最为集中，后历代该形制依然存在。其定型于先秦至两汉为衮冕和直裾、曲裾深衣（图2-1）。到唐宋的圆领长袍，明代的文武官冠服皆是如此。清虽为满族统治但因其朝制承袭明，而明代承袭汉儒文化，致使清代统治者的服饰主体亦为上衣下裳的连属制（图2-2）。当然，在上衣下裳连属的袍服时代，并非所有服饰皆如此，同时存在的也有少部分上衣下裳的分属制袍服。可以说，上衣下裳的分属制和连属制自"胡服骑射"后为并行存在。因此，也就出现了衣裳连属形制为"上礼"、衣裳分属形制为"下礼"的有关袍服礼制的相关区别。其发展至清官袍，朝服（礼服）、吉服通常为连属制，行服、戎服、便服等通常为分属制，亦有男女尊卑的分别（参阅第四章）。

---

❶ 袴褶：游牧文明的产物，"袴"为"裤"的古称，"褶"是为增加腿的运动空间而生。到元代的质孙服、辫线袄等普遍采用了上衣下裳的袴褶形制，这与元人骑射游牧的生活传统有关。明朝的曳撒、贴里、褡护和盘领官袍也继承了这个传统，主要是因其良好的功能。

图 2-1 先秦、两汉深衣为中华衣裳连属形制标志性时代

①② 图片来源: 刘瑞璞、陈静洁《中华民族服饰结构图考·汉族编》, 北京: 中国纺织出版社, 2013: 30、35、40、41。

明代曳撒①

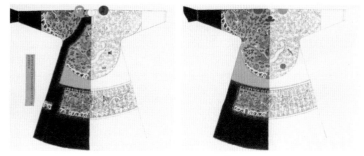

清帝王朝服、吉服②

图 2-2 明代曳撒和清帝王朝服、吉服普遍使用衣裳连属形制

① 图片来源: 山东鲁荒王墓出土的纳波皱纹紫绫曳撒, 山东省博物馆、山东省文物考古研究所《鲁荒王墓》(下), 北京: 文物出版社, 2014.11: 图版三八。
② 图片来源: 黄能馥、陈娟娟、黄钢《服饰中华: 中华服饰七千年》, 北京: 清华大学出版社, 2013: 421。

（二）上衣下裳的分属形制

上衣下裳的分制时代从赵武灵王"胡服骑射"开始，当然这与衣裳连属形制的包裹过长同征战骑射不便有关。王国维早在清末民初之际，已对中华服饰的这段历史转折做了重要论述，"上短衣而下跨别，此古服所无也，古之裦衣，亦有襦袴。内则衣布帛襦袴；左氏传征褰与襦，褰亦袴也。然其外必有裳若深衣以覆之，虽有襦袴，不见于外。以袴为外服（作者注：胡服习惯），自袴褶服始。然此服之起，本于乘马之俗，盖古之裳衣本乘车之服，至易车而骑，则端衣之联诸幅为裳者，与深衣之连衣裳而长且被土者，皆不便于事"[10]。其中之于上衣下裳的连属制和分属制做出了重要解释，即古之衣裳之连属因其本为乘车之服，受春秋连年征战的影响，旧时深衣的上下连属制袍服不再适合时代要求，为提高国家的战斗力，满足骑射之用，这种上衣下裳的分属制服饰自然应运而生。上衣下裳的分属制正因其极大方便了人们的活动，才使得此类服饰的服用范围于战国时代不仅限于赵国，而成为服制变革最直接的样式。由此，这种胡服式的上衣褂下裤裳对后世中华服饰结构的发展影响深远，历代皆有服之便是自然而然的事了。而缅裆裤便是中华古典服饰上衣下裳分属形制的终结者。

后世皆有上衣下裳的分制服饰，由上至下、由男及女，深入于各朝各代的方方面面。汉代"为近臣及武士之服，或服其冠，或服其服，或并服焉"[10]。魏晋时做百官之服，"魏百官名，三公朝赐青林纹绮长袖袴褶"[10]。隋时"礼仪志梁天监令，袴褶近代服以从戎。今纂严则百官文武咸服之"[10]。"旧唐书舆服志，民任杂掌无官品者，品子任杂掌者，皆平巾帻绯衫大口袴，朝集从事则服之"[10]。"宋书文九王传，时内外戒严。普服袴褶"[10]。至天子，"宋书后废帝纪，帝常着小袴褶，未尝服衣冠"[10]。可见此服不只为皇帝戎服，常服亦有之。至妇女，"皇后出女骑一千为卤薄，冬月皆着紫纶巾，缛锦袴褶"[10]。到了明清，衣裳的连属、分属有了严格的礼制划分，清代可谓衣裳连属、

行袍

行裳

行服①

雨褂

雨裳

雨服②

① 行服：行袍与行裳组合为
　行服。
② 雨服：雨褂与雨裳组合为
　雨服。
③ 戎服：戎褂与戎裳组合为
　戎服。

戎服③

图2-3　衣裳分属形制成为清朝官制便服的基本特征

分属礼制的集大成者，分属形制成为常服、行服、武臣戎服的专属（图2-3）。由此可见，上衣褂下裤裳（即上衣下裳的分属制）于华夏大地通行千年，且后为中华服饰中与深衣式（即上衣下裳的连属制）并行共用的特殊形制。同时，它的出现也是社会进步的重要标志。历朝历代服饰形制的分久必合、合久必分，发展到分合共治却丝毫没有动摇"十字型平面结构"中华服饰的法统，这或许与严酷的封建"纹章礼制"有着千丝万缕的联系（参见038页标记重点符号文字）。

三、从交领大襟到圆领对襟的结构演变

中华古典服饰其"襟制"作为它的标志性特征，从形态的意义而言，可以说中华传统服饰的造型史就是"襟制"的演变史，这其中"礼制"成为重要的推手。因此，纵观中华服饰形制的演变，交领总是先于圆领，大襟总是早于对襟，交领大襟总是先于圆领大襟。这种以功用断代的历史，也为认识中华民族宗法的礼教精神提供了物态线索，到清朝走向集大成者：大襟圆领为袍，对襟圆领为褂，袍的礼仪高于褂。所以袍的形制用于礼服，礼服再分，上衣下裳连属袍为朝服，通袍为吉服，而褂的形制用于常服和行服。这说明越接近古老的经典形制，礼仪的级别越高。从先秦两汉到唐宋元明清，襟式的主体是从交领大襟到圆领大襟辅以从直领对襟到圆领对襟的演变过程。这也就决定了"交领大襟"成为中华服饰"襟制"的始祖，与"十字型平面结构"共同构成古老中华服饰的基因。"交领大襟"在现代汉文化中只有在博物馆和戏服中才能见到，或是宗教人士的教服，如僧袍、道袍等。而现存的交领藏袍和蒙袍则可谓是中华古老服饰形制的活化石。

（一）交领大襟形制

"衣眥谓之襟。"衣眥名襟，谓之交领[1]。然交领的出现与上衣下裳的连属制袍服不可分，因连属制袍服的穿着方式是将袍围裹于周身，故于领缘和前身自然形成交领形制，可谓交领与大襟共生矣，先秦两汉为盛。交领从人类步入奴隶社会时出现，它的形成意味着华夏民族由简单粗暴的原始生活迈入秩序的文明社会，它从先秦定型开始与"十字型平面结构"如影随形，亦是宗法礼制的开始。

中华服饰的交领大襟时代从夏朝形成统一的政权后得以规范，历经夏商周十一个世纪的礼法化，交领大襟成为华夏族标志性的服饰制式，无论是曲裾、直裾深衣，还是用直裁或斜裁法制衣，最终都是以交领形式存在，成为先秦两汉服饰的标志性特征。即使在后朝的唐宋元明清，交领大襟也是帝王及贵族礼服的基本形制。河南安阳殷墟妇好墓出土的商代玉人像，湖南长沙仰天湖战国楚墓出土的曲裾衣妇女彩绘俑，陕西临潼秦始皇陵2号俑坑出土的步兵俑，江苏徐州出土的西汉彩绘陶仪卫俑，陕西西安草场坡出土的北魏乐伎彩绘，陕西西安出土的隋代彩绘女俑，甘肃敦煌莫高窟61窟北宋供养人，甘肃安西榆林窟元代蒙古贵族行香壁画，明孝恪皇后画像到清朝的官袍，交领形制贯穿了整个中华文明史。可见交领大襟作为中华服饰独一无二的文化符号就像汉字一样延续了几千年（图2-4）。

（二）交领大襟和圆领大襟的共治时代

交领形制虽至明代依然流行，但早在汉代就已出现另一种服饰襟制即曲领（类似圆领或小交领），然此时的圆领还未形成制式，只是作为扶整，以防止外衣交领拥起的功能而存于服内。汉代《释名·释衣服》载"曲领在内，以中襟领上横壅颈，其状曲也"[11]。通常是曲领（小

① 河南安阳殷墟妇好墓出土的商代玉人像，源于黄能馥、陈娟娟、黄钢《服饰中华：中华服饰七千年》，北京：清华大学出版社，2013：36。

② 湖南长沙仰天湖楚墓出土的战国曲裾衣妇女彩绘俑，源于沈从文《中国古代服饰研究》，上海：上海书店出版社，2014：58。

③ 陕西临潼秦始皇陵2号俑坑出土的步兵俑，源于黄能馥、陈娟娟、黄钢《服饰中华：中华服饰七千年》，北京：清华大学出版社，2013：99。

④ 江苏徐州北洞山汉墓出土的陶仪卫俑，源于黄能馥、陈娟娟、黄钢《服饰中华：中华服饰七千年》，北京：清华大学出版社，2013：108。

⑤ 陕西西安草场坡出土的北魏乐伎彩绘，源于沈从文《中国古代服饰研究》，上海：上海书店出版社，2014：227。

⑥ 陕西西安出土的隋代彩绘女俑，源于黄能馥、陈娟娟、黄钢《服饰中华：中华服饰七千年》，北京：清华大学出版社，2013：190。

⑦ 甘肃敦煌莫高窟61窟北宋供养人，源于黄能馥、陈娟娟、黄钢《服饰中华：中华服饰七千年》，北京：清华大学出版社，2013：255。

⑧ 甘肃安西榆林窟元代蒙古贵族行香壁画，源于沈从文《中国古代服饰研究》，上海：上海书店出版社，2014：531。

⑨ 明孝恪皇后画像，源于黄能馥、陈娟娟、黄钢《服饰中华：中华服饰七千年》，北京：清华大学出版社，2013：338。

商代玉人像①　　战国曲裾衣妇女彩绘俑②　　　　　秦代步兵俑③

西汉彩绘陶仪卫俑④　　　北魏乐伎彩绘⑤　　　隋代彩绘女俑⑥

北宋供养人⑦　　　元代蒙古贵族行香壁画⑧　　　明孝恪皇后画像⑨

图2-4　历代服饰交领大襟图像实例

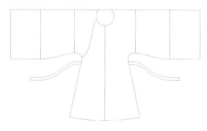

宋代素纱单衫

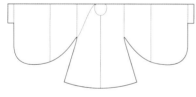

明代圆领大袖袍

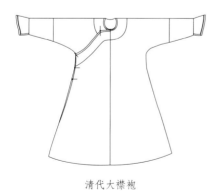

清代大襟袍

图 2-5　圆领大襟从宋明到清的演变

交领）内服与交领大襟袍服组合成礼服。《旧唐书·舆服志》载"谒者台大夫以下，高山冠。并绛纱单衣，白纱内单，皂领、褾、襈、裾，白练裙襦，绛蔽膝，革带，金饰钩鰈，方心曲领，绅带，玉镖金饰剑，亦通用金镖，山玄玉佩，绶，袜，乌皮舄。是为朝服"[12]。至宋、明两代曲领已不再是附属，而是作为官服的一部分大量存在，因而曲领在这时即可称为圆领大襟。《宋史·舆服志》载："宋因唐制，三品以上服紫，五品以上服朱，七品以上服绿，九品以上服青。其制，曲领大袖，下施横襕，束以革带，幞头，乌皮靴"[13]。明代官方典籍《三才图会》[14]记载的君臣公服图样明确显示了圆领大襟的特征。清取代明，多崇汉俗，不废明制，倡满汉睦和联姻，更重要的是作为游牧民族的统治，圆领大襟的功用更优于交领大襟，前者推为前台，后者退居后台。也就是说清代圆领大襟形制已经成为官袍形制的主流。然其变化的原因，是从粗放型到精细化的转变，是礼法繁复的产物。因为圆领大襟与交领大襟只是共治，并没有相互取代，抑或是自唐代与各少数民族交往密切，其中（西域）回鹘贵族多穿圆领袍衫，受异族文化的影响加速扩大了圆领大襟形制的适用范围，到了清朝的少数民族统治圆领大襟成为主流便顺理成章了（图 2-5）。

汉唐时期，虽有曲领出现但交领仍为主流。然宋、元曲领形制虽增多，也只作为交领大襟的补充或共治。特别是元代虽为少数民族统治，但交领大襟依然作为统治阶层的最高祭服形制承袭着，因其对华夏血脉的延续有助于少数民族政权的巩固。可见，在这段圆领、交领并存的时代，圆领的出现因其服帖的功用性而成为常服的标志，交领则越渐作为最高统治者崇高传统和祖制的表征符号，故服饰形制的发展演变促使交领的礼制意义大于现实功能意义，而圆领大襟作为当时功能性最强的服饰被后世广泛应用，如明朝的侧耳盘领袍❶几乎成为文武百官的"制服"。

（三）圆领大襟和对襟的共治时代

随着宋、明两代圆领大襟形制作为官袍的推动而普及，交领大襟逐渐退入幕后，尤其到了清代圆领大襟和圆领对襟成为服饰的主要形制。圆领大襟的盛行或是由交领大襟与圆领整合而成的形制，可以说它是结构上的进步。因为交领在常年使用中对颈胸及内衣包裹上存在不严密、易皱褶、不服顺等问题，故采用圆领替之。大襟与交领在结构上是共生的，呈左右拥掩相交状，则导致前颈胸外露，而古人尚"礼"必须内外衣复合才符合礼法。《方言·第四》载"衿谓之交"，"衿"即"襟"，故有襟才能称作交领。而"襟"即"袌"❷，所谓"禅衣❸……有袌者，赵、魏之间谓之袏衣，无袌者谓之裎衣"[16]，"裎衣"即"亵衣"❹。可见交领的袌衣必须与亵衣（内衣）组合穿着才符合礼法，且亵衣覆之里厚矣。随着时代的进步，即使贵族"亵衣"也会走向功用而呈礼制之别，

---

❶ 侧耳盘领袍：明官袍的独特形制，"侧耳"是盘领官袍两侧多设的侧摆，功用是遮挡侧开裾可能暴露的贴里侧褶。盘领官袍从"辫线袍"演变而来，有明显元制特点，加侧耳便成为明制官服独一无二的标识。

❷ 袌：《康熙字典》注"《集韵》：音袍，同抱。《说文》：裹也。《六书正伪》：俗作抱。《唐韵》：音暴，衣前襟。《扬子·方言》：禅衣有袌者谓之袏衣。郭注前施袌囊也"[15]。

❸ 《方言·第四》载"禅衣，江淮南楚之间谓之褋，关之东西谓之禅衣……古谓之深衣"[16]。

❹ 古之"亵衣"即内衣、脏衣、私服。《礼记·檀弓下》载："季康子之母死，陈亵衣。敬姜曰：'妇人不饰，不敢见舅姑。将有四方之宾来，亵衣何为陈于斯？'命彻之"[4]。《仪礼·既夕礼》载"疾病，外内皆扫。彻亵衣，加新衣"[17]。

圆领大襟便应运而生。因而若领口由交领改为圆领右侧大襟则多做一个弓形来掩盖祖露部分，既与交领有异曲同工之妙，又满足简化内衣后的礼制裹衣要求。到了明代交领大襟和圆领大襟有了明显的制度要求：交领大襟主内且等级低，圆领大襟主外且等级高。因此，明朝一个标准官员制服的组配，内衣服贴里，中单服裓护，外罩比甲圆领袍并配补章以示官阶。贴里、裓护作为内衣和中单形制均为交领大襟，只有外罩为圆领大襟（内卑外尊）。同属官服外衣的曳撒为行服（休闲服），形制为交领大襟，礼仪等级低于圆领大襟的官袍。这种形制到清朝迎合了官服的繁制要求而走向顶峰（参见图2-5）。

清朝官服繁制盛极，不仅延续了明官服圆领大襟形制，还增加了"罩褂"。清代将圆领对襟形制称作褂，褂多服于袍外不单独使用，袍为圆领大襟可单独使用，也可与圆领对襟罩褂组配，故不存在内外衣的禁忌。然而对襟服饰并非清代才有，此形制同样源于汉族服饰，甚至与原始的"贯首衣"有血缘关系（参见表2-1首图）。不过就实物考证，湖北江陵马山一号楚墓出土的战国揪衣为最早的对襟衣之一，南宋黄升墓出土了大量对襟袍。对襟衣的出现一般是因其方便使用的功能。明《日知录·对襟衣》载："《太祖实录》：洪武二十六年三月，禁官民步卒人等服对襟衣，唯骑马许服，以便于乘马故也。"[18]然而对襟衣的使用兴于唐代，到宋代达到了高峰。从敦煌壁画等留世的画作中看，唐代几乎贵族女子及仕女皆套对襟大袖纱衣。在宋墓出土的服饰中有大量的对襟袍，史称褙子，不变的是都用于贵族男女通用的"罩衣"，可见清"罩褂"是有汉俗传统的。但与清代对襟形制不同，唐宋对襟袍为"直领"，清代对襟袍为"圆领"，在功用上清代沿袭着前朝的规制，即对襟衣作为外衣（即外褂）使用，满汉贵族及臣子皆服之，是继唐宋后使用数量最多的朝代。对襟衣源自汉文化行动方便而制，故有便服之意，后于历代被逐渐仪从教化（图2-6）。因而，在礼制上也确立了它们各自尊卑的命运，圆领大襟为上礼，圆领对襟为下礼，这就有了清代"袍"与"褂"的共治与共制的礼制区别。故帝王的朝服（礼服）也就不会出现对襟的形制。当内袍外褂组合出现时仍是上礼尊贵的标志，这在满汉贵族阶层也是被严格执行的。服制到了民国回归到汉统的宗族礼

湖北江陵马山一号楚墓出土的　　　宋代褐黄色罗镶印金彩绘花边广袖女袍①
战国揪衣[19]

陕西乾县唐懿德太子　　　　　清·穿对襟马褂长袍像③
李重润墓出土的仕女图②

图2-6　对襟与大襟服饰共治的代表性朝代

①图片来源：中国美术全集编委会《中国美术全集》，北京：人民美术出版社，2014：176。
②③图片来源：黄能馥、陈娟娟、黄钢《服饰中华：中华服饰七千年》，北京：清华大学出版
　社，2013：215，503。

清古典袍服结构与
纹章规制研究

法，就有了"长袍马褂"合为尊，单一马褂为卑的规制（图2-7）。

纵观中华几千年的传统服饰形制流变、历代王朝更迭，无论是汉族统治还是少数民族统治，其多次历经重大服制变革，服饰形制虽从上衣下裳的交领到圆领大襟再到圆领对襟的不断演变，却始终没有脱离"十字型平面结构"中华一统的共同基因。这就像汉字的象形结构一样，从她诞生那天起虽经历了甲骨、篆、隶、真、草的变化，不变的却是她始终承载着古老而深远的汉字结构的中华文脉。同样，服饰中古老图腾的章制文化甚至可以追溯到中华人文始祖伏羲时代（太极图），至周代几乎成为统治国家礼法体制的象征（十二章）。而到了明清，服饰结构与"纹章制度"几千年似乎身处一物没有彼此联系？文献上没有记载不等于不存在，就像破解一个汉字结构的信息一样，几乎都不是从文献中获

图片来源：刘瑞璞、陈静洁《中华民族服饰结构图考·汉族编》，北京：中国纺织出版社，2013：270。

图2-7　民国"长袍马褂"表达汉统的宗族规制

得的，最重要的是当承载文字的甲骨被发掘时，后人对汉字结构本身进行了实证考据的研究才有了新的发现，才使文献更加丰满可靠。对清官袍样本结构的系统研究，意外的发现"纹章规制"也会遵循一套"经营位置"的礼法，反过来研究一下清"纹章规制"文献，对中华服饰"十字型平面结构"的认识就会跳出"形而下"的思维。这或许可以找到"纹章规制"太多想象逻辑的客观路径和可靠的落脚点。不过，在研究这个"落脚点"之前，先要梳理一下中华传统服饰的"服章"制度与清"章袍"形制的传承，或许能够厘清中华服饰"十字型平面结构"与清古典袍服"纹章"经营的关系。

参考文献

［1］ 李学勤. 尔雅注疏［M］. 北京：北京大学出版社，1999.

［2］ 许慎. 说文解字［M］. 北京：九州出版社，2001.

［3］ 刘瑞璞，陈静洁. 中华民族服饰结构图考：汉族编［M］. 北京：中国纺织出版社，2013.

［4］ 王文锦. 礼记译解［M］. 北京：中华书局，2001.

［5］ 黄能馥，陈娟娟，黄钢. 服饰中华：中华服饰七千年［M］. 北京：清华大学出版社，2013.

［6］ 沈从文. 中国古代服饰研究［M］. 上海：上海书店出版社，2014.

［7］ 李泽厚. 美的历程［M］. 北京：生活·读书·新知三联书店，2009.

［8］ 程俊英. 诗经译注［M］. 上海：上海古籍出版社，1985.

［9］ 袁仄. 中国服装史［M］. 北京：中国纺织出版社，2005.

［10］ 王国维. 观堂集林［M］. 北京：中华书局，2013.

［11］ 刘熙. 释名疏证补［M］. 祝敏彻，孙玉文，释. 北京：中华书局，2008.

［12］ 刘昫. 旧唐书［M］. 北京：中华书局，1975.

［13］ 许嘉璐，安平秋，倪其心. 二十四史全译：宋史［M］. 上海：汉语大词典出版社，2004.

［14］ 王圻，王思義. 三才图会［M］. 上海：上海古籍出版社，1988.

［15］ 中华书局编辑部. 康熙字典［M］. 北京：中华书局，2010.

［16］ 戴震. 方言疏证［M］. 台北：台湾中华书局，1966.

［17］ 杨天宇. 仪礼译注［M］. 上海：上海古籍出版社，2004.

［18］ 顾炎武. 日知录集释［M］. 黄汝成，集释. 上海：上海古籍出版社，2006.

［19］ 彭浩. 湖北江陵马山砖厂一号墓出土大批战国时期丝织品［J］. 文物，1982，（10）.

第三章

"服章"制度与
清"章袍"形制

周代冕服制度造就了后续中国几千年的"服章"文化。王宇清在《冕服服章之研究》中曾定义"服章","凡帝制时代差等应用于君臣服装之纹饰，遵依定制，各俱图像成章。就衣裳而言，曰：'章服'。就图像而言，曰：'服章'。"[1] 即以服饰上施纹彩的不同判定所服人士的身份等级称为"服章"。所谓："奇服文章，以等上下而差贵贱。"[2] 就是这个意思。因此，服章正统以官服施之，且多承袭前朝规制而兴，使历代帝制服章制度的流变多少打上了周代冕服制度的烙印。

一、"服章"制度的流变

"予欲观古人之象，日月星辰山龙华虫作会，宗彝藻火粉米黼黻𫄸绣，以五采彰施于五色，作服，汝明。"❶关于中国传统服饰"服章"兴起之说，王宇清在《冕服服章之研究》中提到："观示法象之服制者：谓欲申明古人法象之衣服，垂示在下，使观之也。易繫辞云：黄帝尧舜，垂衣裳而天下治。象物制服，盖因黄帝以还，未知何代而具彩章。舜言已欲观古，知在舜之前耳。"而后世制衮冕，设黼黻纹章则始于黄帝有熊氏，路史云："黄帝有熊氏，法乾坤以制衣裳，制衮冕、设黼黻，……旁观翚翟草木之华，染为文章……。"[1]后世承此礼于《旧唐书·舆服志》载："昔黄帝造车服，为之屏蔽，上古简俭，未立等威。而三、五之君，不相沿习，乃改正朔，易服色，车有舆辂之别，服有裘冕之差，文之以染缋，饰之以绨绣，华虫象物，龙火分形，于是典章兴矣。"[4]基于文献载录，王宇清认为中国传统服饰服章制度之起源为"象物制服"，从现代科学的角度来看即远古氏族社会的图腾制度。为

---

❶　引自《尚书·虞书·益稷篇》。译文：我要观察古人昭分品秩等级的服色采象，在上身衣服上彩绘日、月、星辰、山、龙、华虫等图案，在下身衣裳上缝织绣制虎猿之形、水藻、"火"形、粉米、黑白相间的斧形、黑青相间的"亞"形等图案，用五种色彩的颜料鲜明地绣制各种色彩的章服，你们要一一考订明确。[3]

蜀国鱼凫王青铜立像　　　　线描图　　　　正面外衣上的龙纹拓片

图 3-1　三星堆遗址出土的商晚期蜀国鱼凫王青铜立像

图片来源：黄能馥、陈娟娟、黄钢《服饰中华：中华服饰七千年》，北京：清华大学出版社，2013：39。

此，其解释道：一般以动物或植物，或动物身体之一部或内脏之一❶，或以日、月、星辰、山、川、风、雨等，作为以血缘观为基础之氏族名号，及宗教崇拜之徽号，具有超自然的保护之神力，并以之制为图文，用为象徽。此种方式，且发展运用及于氏族外婚、年龄、阶级等级制度……如此形成一种各有分际，各具系统之文化生活与社会之体制，乃称之为"图腾制度"[1]，随着考古的发掘不断得到实证。广汉三星堆遗址出土的商晚期蜀国鱼凫王青铜立像，其所服礼衣上清晰可见的龙纹标识，是目前可见最早"服章"的实物证据，而龙纹作为上古先民的图腾徽章，其"欲天意而为"被后代运用在帝王衣冠，可见其彰显身份等级之意。为此"服章"制度之兴起既有氏族、宗教徽号之意，又含等级社会标识之寓（图 3-1）。

随着周代宗族礼制的健全，"服章"制度也有了体系较为完整的十二章制。《周礼·春官宗伯第三》载："司服。掌王之吉凶衣服，辨其

---

❶　动物身体之一部或内脏之一：动物身体或内脏的一部分。

名物，与其用事。王之吉服，祀昊天上帝，则服大裘而冕，祀五帝，亦如之；享先王，则衮冕；享先公飨射，则鷩冕；祀四望山川，则毳冕；祭社稷五祀，则缔冕；祭群小祀，则玄冕。"[5] 为此，周代起帝王所服衣物根据祭祀大小不同，服不同样式的冕服。而这六种冕服上绣不同纹章以示区分，如大裘冕绣日、月、星辰、山、龙、华虫、藻、火、粉米、宗彝、黼、黻十二章，衮冕绣龙、山、华虫、火、宗彝、藻、粉米、黼、黻九章，鷩冕绣华虫、火、宗彝、藻、粉米、黼、黻七章，毳冕绣宗彝、藻、粉米、黼、黻五章等。可见，周代冕服根据所绣十二章纹数量的不同区分衣服所用大小祭祀场合的不同，十二章纹越多所用场合等级越高且越隆重，而章纹越少或无十二章纹代表所用场合等级越低且越随意。

为此，战国思想家荀子有"礼者，以财物为用，以贵贱为文"[6]之观。可见荀子的服饰观承袭了周礼"服章"对等级规界礼制的尊崇。他在"衣服有制" ❶ 的服饰观中亦有"观人以言，美于黼黻文章"，即劝勉人需要用善言，华丽美好的衣服是因为有果敢（黼黻）的文彩（文章）。"雕琢、刻镂、黼黻、文章，所以养目也"，看上去赏心悦目是由于器物雕刻精美，衣服文华至礼。[6] 其多次用到"黼黻文章"比喻衣服文彩的礼制，这在荀子的服饰观中，"服章"就是崇高正统要以文彩的礼制垂范才能教化社会，使社会变得美好而有秩序。这反映了春秋战国礼崩乐坏对礼制的渴望。

汉唐鉴秦教训一直尊尚周制。《旧唐书》载："依《周官》五辂六冕之文，山龙藻火之数，创为法服。虽有制作，竟寝不行。舆驾乘金根而已。服则衮冕，冠则通天。其后所御，多从袍服。事具前志，而裘冕之服，历代不行。后魏、北齐，舆服奇诡，至隋氏一统，始复旧仪。"[4] 从汉起除魏晋南北朝动荡时期服饰引入胡服文化之外，后历代皆奉周代"服章"之礼为衣治法统。

宋代以后，"服章"制度对社会等级教化的作用更为明显。宋初服

---

❶ 此句原引自《荀子·王制》，"王者之制：道不过三代，法不贰后王。道过三代谓之荡，法贰后王谓之不雅。衣服有制，宫室有度，人徒有数，丧祭械用皆有等宜。声，则凡非雅声者举废；色，则凡非旧文者举息；械用，则凡非旧器者举毁。夫是之谓复古，是王者之制也。"[6]

饰制度继承唐制，从记录系统之完善可见其"服章"制度发展已相当完备。《宋史·舆服志》载皇帝衮冕："衮服青色，日、月、星、山、龙、雉、虎蜼七章。红裙，藻、火、粉米、黼、黻五章。红蔽膝，升龙二并织成，间以云朵，饰以金钑花钿窠，装以珍珠、琥珀、杂宝玉。红罗襦裙，绣五章……"[7]而各级官员冕服为："九旒冕，为亲王、中书门下奉祀所服……青罗衣绣山、龙、雉、火、虎蜼五章，绯罗裳绣藻、粉米、黼、黻四章，绯蔽膝绣山、火二章……。七旒冕，为九卿奉祀所服……衣画虎蜼、藻、粉米三章，裳画黼、黻二章……。五旒冕，四品、五品为献官则服之，配青罗衣裳，无章……"[7]勾勒了一幅汉族文治的华章图景。

元代"服章"制度沿袭前朝又融入了蒙古族服饰特色，这是基于对广大且深远汉文化统治和传统认同的需要。"元初立国，庶事草创，冠服车舆，并从旧俗……上而天子之冕服，皇太子冠服，天子之质孙，天子之五辂与腰舆、象轿，以及仪卫队仗，下而百官祭服、朝服，与百官之质孙，以及于士庶人之服色，粲然其有章，秩然其有序。"[7]然而在天子服饰的服章使用中元代最为特殊，使用数量为历代之最。"衣施帝星一，日一，月一，升龙四，复身龙四，山三十八，火四十八，华虫四十八，虎、蜼四十八。裳施文绣一十六行，每行藻二，粉米一，黼二，黻二。合计为三百零五，其数仅次于金制之三百三十一。"[1]可见，元代"服章"制度已由前朝即有的法统演化为亦庄亦谐的象征。加入蒙元文化的"服章"制度，在元代除用于天子等皇家贵族服饰外，于百官公服上也开始有所体现。《元史·舆服志》载："一品紫，大独科花，径五寸。二品小独科花，径三寸。三品散答花，径二寸，无枝叶。四品、五品小杂花，径一寸五分。六品、七品绯罗小杂花，径一寸。八品、九品绿罗，无文。"[7]这与《金史·舆服志》的"三师、三公、亲王、宰相一品官服大独科花罗，径不过五寸，执政官服小独科花罗，径不过三寸。二品、三品服散搭花罗，谓无枝叶者，径不过寸半。四品、五品服小杂花罗，谓花头碎小者，径不过一寸"[7]非常相似。由此可见，"服章"制度发展到金元，已由作为皇室服饰等级的独有制度演变成表示各级官员地位等级的象征，较汉制有过之无不及，其作用和影响范围的不断扩大标示着封建统治阶级集权制的加深。同时，也迎来了"服章"制度的最高峰和规模化、刻板化的明清时代。

周代建立冕服制度至秦汉为皇帝大臣均可服用，唐宋起冕服中官员服饰开始以颜色和十二章纹多寡区分等级地位，到元代除颜色外，还规定等级不同所服章纹内容和大小不尽相同，而到了明代冕服为皇家特有，官员不得服用。《明实录》载明太祖言："古昔帝王之治天下，必定礼制，以辨贵贱，明等威。"[7]可见明代作为汉族统治，极其重视以礼教化来加强等级观念，进而巩固皇权。在服饰上特别表现在明代独创的百官补服❶上，《三才图会》载："文官一品服仙鹤补，二品锦鸡补，三品孔雀补，四品云雁补，五品白鹇补，六品鹭鸶补，七品鸂鶒补，八品鹌鹑补，九品练雀补，杂职黄鹂补，风宪衙门獬豸补，公侯伯麒麟补，驸马白泽补；武官一品二品狮子补，三品虎补，四品豹补，五品熊补，六品七品彪补，八品海马补，九品犀牛补。"[8]百官补服虽为明代独创但仍有承袭唐代团窠、辽代团纹和元代"胸背"之迹（图3-2）。然清代在此基础上，"服章"制度等级划分更为细致、内容规则更为详尽，从颜色、纹章内容到位置关系的排列（见后文）都是封建集权制走向极致的表现。通过文献考证和对实物标本的研究，清官服纹章的经营位置将艺匠设计的"准绳"规范奉为圭臬是清官服纹章规制区别于前朝的突出特点。

---

❶　明沈德符《万历野获编》载："又文臣章服，各以禽鸟定品级，此本朝独创。"[7]

辽对凤纹团花袍①　　　　　　　　　　　元团龙灵芝纹织金锦②

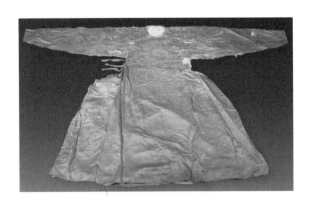

明代团纹官袍及绣补团龙纹局部③　　　　明成祖朱棣穿四团龙
　　　　　　　　　　　　　　　　　　　　常服袍画像④

图 3-2　辽、元、明官袍团纹

① ② ④ 图片来源：黄能馥、陈娟娟、黄钢《服饰中华：中华服饰七千年》，北京：清华大学出
　　版社，2013：288、325、333。
③ 图片来源：山东鲁荒王墓出土的盘金绣补四团龙纹黄缎圆领官袍。山东省博物馆、山东省
　　文物考古研究所《鲁荒王墓》（下），北京：文物出版社，2014.11：图版二八。

　清古典袍服结构与
　　纹章规制研究

二、清官袍纹章制度

维系一个帝制政权和统治一个多民族古国的疆域，官方的服制，就像一支军队的旗帜，具有精神象征的标志性作用。就中华古代服饰史而言，官服的历史就是纹章的历史，纹章的历史就是"制度"的历史，传承前朝是必要的，也是巩固政权的需要。清朝官袍纹章制度可谓走到了极致。《大清五朝会典》载："本朝冠服，上下有章，等威有辨。自国初定制，迄今遵守，其间屡有厘饬，依次分载。"[9]可见，清官服制度皆延续国初定制，后历朝续修而制。然而在文献研究过程中发现，清五朝会典虽整体续修，但乾隆朝时期的《清会典》可以判定为体例上的重修。因康熙、雍正朝皆采用由崇德至本朝的接续续修体例，如《大清五朝会典》雍正篇载"冠服通例"："崇德元年，定亲王以下官民人等，俱不许用黄色及五爪龙凤黄缎……顺治三年，覆准庶民不许用缎绣等服……顺治八年，官民人等帽缨不许用红、紫线……一应朝服、便服表里，俱不许用黄色、秋香色……二十六年，题准凡官民人等，不许用无金四爪之四团八团补服缎纱，及无金照品级织造补服，又似秋香色之香色、米色，亦不许用，大臣官员有御赐五爪龙缎立龙缎，俱令挑去一爪用……"[9]而乾隆朝则摒弃已沿用的旧制不记，只记入最终修订版本。

因而，《清会典》虽整体续修，但在乾隆朝时期经历了体例上的重修，且后两朝皆延续乾隆朝版本续修。

清早期会典除记载体例为接续载录外，记录的服饰内容也以礼服为主，少有便服等其他形制载入，这是雍正朝以前服饰礼制于典籍的记载同乾隆朝后最大的区别。如《大清五朝会典》卷六十四"冠服"中，包含皇帝冠服、皇后冠服、皇贵妃冠服、亲王冠服、世子冠服、郡王冠服、贝勒冠服、贝子冠服、镇国公冠服、辅国公冠服……士庶冠服、冠服通例，皆为不同等级人士的礼服（朝服）制度，因而在清早期与清中后期服饰典制的对比中可以看到清代官服制度发展的清晰脉络。

其中，清皇帝四色朝服形制的由来就源于康熙年间的朝服改制，最终成型于清雍正元年的冠服定制中。《大清五朝会典》载："皇帝冠服：崇德元年，定冠用东珠宝石镶顶，服黄袍……。康熙二十二年，定……礼服用黄色、秋香色、蓝色，五爪、三爪龙缎等项，俱随时酌量服御。……雍正元年，定礼服用石青、明黄、大红、月白四色缎，花样三色圆金龙九，当龙口处珠各一颗，腰襕小团金龙九，通身五彩祥云，下八宝平水万代江山"[9]。可见，乾隆朝以后皇帝的朝服形制，无论从颜色、纹样内容和排列规则来看皆成型于雍正年间。

此外，于康熙、雍正朝《大清五朝会典》中对亲王、世子等皇室贵族的服饰记载中还可发现，圆补等级高于方补、四团纹饰等级高于两团纹饰等服饰礼制的早期定制。如"亲王冠服：顺治九年，服用五爪四团龙补，及五爪龙缎、满翠四补等缎"；"贝勒冠服：顺治九年，服用四爪两团补，及蟒缎、妆缎等项"；"镇国公冠服：顺治九年，服用四爪方蟒补，余与贝勒同"[9]等。另外还有清早期对官服颜色、面料材质等规则的制定，如皇帝礼服用四色，皇后用黄色和秋香色，官生、贡生、监

清古典袍服结构与纹章规制研究

生公服用青袍蓝镶边，生员公服用蓝袍青镶边，亲王以下官民人等，俱不许用黄色及五爪龙凤黄缎，顺治三年复准庶民不许用缎绣等服。而这些服饰制度都为清中后期完善的服饰礼制奠定了基础。

当然清代官服最重要的标志还是纹章的使用，特别是用纹章样式区分不同人的身份等级。其中，最有代表性的当属《大清五朝会典》载录的清官员补子纹章："凡官员补服，顺治九年题准文官，一品用仙鹤，二品用锦鸡，三品用孔雀，四品用云雁，五品用白鹇，六品用鹭鸶，七品用鸂鶒，八品用鹌鹑，九品用练雀。武官一品二品用狮子，三品用虎，四品用豹，五品用熊，六品七品用彪，八品用犀牛，九品用海马。都察院、按察司、衙门官，不论品级俱用獬豸。康熙元年，题准武官一品用麒麟补，又题准文武一品虽有加级，不许过本等补服。三年题准武官三品用豹补，四品用虎补"[9]。而该纹章制度除乾隆后对武七品更改为用犀牛补外，其余在康熙年间基本定制完成。

在清早期宫廷女子服饰制度的研究中，关于纹章还发现了翟鸟图案的使用规定。《大清五朝会典》载："皇后冠服，凡庆贺大典……礼服用黄色、秋香色，五爪龙缎、妆缎，凤凰、翟鸟等缎，随时酌量服御。""皇贵妃、贵妃、妃嫔冠服，凡庆贺大典……皇贵妃、贵妃、妃，礼服用凤凰、翟鸟等缎……""固伦公主冠服，顺治九年，服用翟鸟五爪四团龙补，五爪龙缎、妆缎、满翠四补等缎。""亲王妃冠服，顺治九年……服用翟鸟五爪四团龙补，五爪龙缎、妆缎满翠四补等缎。"[9]可见，翟鸟作为汉族皇室女子服饰的专属图案于清早期仍在使用，且只用于皇室贵族的服饰上，如县主、郡君等规定中就仅有蟒缎、花素缎等载录。

翟鸟，《周礼·天官冢宰下》载："内司服，掌王后之六服：袆衣、揄狄、阙狄、鞠衣、展衣、缘衣、素纱"[5]。其中，祎衣注为"后祭服，从王祭先王则服之，刻绘为翟雉形而以五彩画之，缀于衣上以为饰"，"揄狄，后祭服，从王祭先王则服之，刻绘为翟雉形而以五彩画之，缀于衣上以为饰，翟摇皆雉类，唯其彩色稍有不同"，"阙狄，后祭服，从王祭群小祀则服之，刻绘为雉形，唯不画以彩色，缀于服上以为饰"[5]。而《周礼》中后妃等级最高的祎衣、揄狄、阙狄纹饰皆有"雉"纹，"雉"纹即翟鸟❶。翟鸟纹从周代王后的礼服到唐代皇后的重翟、厌翟等车舆，至宋明两朝皇后的祎衣❷（图3-3），都证明了翟鸟纹源自汉族皇室，后用于清早期皇室女子冠服，是能见到的清廷制度沿袭明制的案例，而自清朝禁止满族贵族服汉族衣冠后，翟鸟纹也随之消失。

穿祎衣的宋代皇后像

祎衣复原图

图3-3　宋代皇后像

图片来源： 黄能馥、陈娟娟、黄钢《服饰中华：中华服饰七千年》，北京：清华大学出版社，2013：253。

---

❶　《说文解字》载："翟，山雉尾长者，从羽，从隹"。
❷　《三才图会》载："皇后冠服，祎衣深青为质……蔽膝随衣色，以缋为领缘用翟。"

三、清中早期官袍纹章的经营位置与十字型平面结构

清官袍纹章形制多样、寓意丰富。承袭明代服制较为明显，如朝服的上衣下裳和补服官制等，故清官服一脉其纹章形制以团纹为主，到清中期渐成"清制"即补服。"补章制"，分为皇戚官员补服和非皇戚官员补服，纹章布局也更加规范，但无文献可考。

团，《说文解字》释为："圜也，从口，专声"，"圜，天体也。从口，睘声。"[10]《吕氏春秋》载："天道圜，地道方，圣王法之，所以立上下。"即天的道理是圆的，地的道理是方的，圣王效仿它们，所以建立了上下君臣关系。然而为什么圆代表天，其解为："阴阳之气一上一下合而为万物，环绕往复循环，永不停止，所以说天道是圆的。"[11]可见自有"团"字起，其与"圜"所代表的含义大致相同，即天亦圆。而团纹很早就被上古先民用于石器和陶器图案制作中，先秦两汉天圆地方的宇宙观变成了天宰地、圆主方的价值观。后至隋唐、五代十国与西域文化、贸易广泛交流，波斯萨珊团形联珠图案引入，与本土的"凤池""盘龙"相结合，将团纹称作团窠，被广泛地应用于服饰中。因而，清帝王于服饰上使用汉式团纹式样是彰显天人合一和入主中原后宣示君权神授的正统地位。然而，清早期官服团章的经营位置是否同样继承汉唐皇家"河洛易道"的哲学正统？对朝官服样本的考释或许能够取得可靠实证，以弥补文献的不足。

（一）两团和四团龙褂的团纹局部

到清后期在大量的官袍藏品中很难见到两团补服，两团方补服则普遍，这说明皇族官员逐渐减少，非皇族特别是汉族官员被大量启用。然而，方补的布局规制源于圆补，故弄清楚圆补团纹的设计经营成为了解清官袍团章制度的基础。清团章补服承明制，清早期的补服也是以团纹为主。两团行龙褂为清中期样本，是收藏家李雨来先生的私人收藏品，其衣长110cm，通袖长138cm[12]（图3-4）。依据雍正乾隆朝《大清五朝会典》载录对照实物衣身上行龙的团纹形态判断，该件团补所服范围为贝子以下的皇室男子。样本因保存完好，其底部暗花纹依然清晰可见。

相较于两团补服，四团补服于清代级别更高，上至皇帝下到亲王、郡王皆服四团补服，依据龙纹形态（正龙、行龙）区分等级，其形制虽都为四团但叫法却不尽相同。皇帝服四团正龙、肩挑日月章纹名其"衮服"，皇子服四团正龙、无其他章纹名"龙褂"，亲王服两正两行龙、郡王服四行龙皆称为"补服"。因而，清早期龙褂从其团纹数量和四个正龙纹形态可以判断应为皇子龙褂，当然早期皇帝衮服也存在无日月两章的情况。所以总体来说四团正龙级别更高（图3-5），两团行龙级别要低（图3-4），但团章说明它们都是皇族。

两个样本无论是两团行龙还是四团正龙纹章皆分布于十字坐标之上，且无论两团还是四团，都以坐标点基准上下对等、左右对等。这种经营设计的规制虽没有得到任何文献的记载，却在样本结构的复原图中得到验证（图3-6、图3-7）。两件实物虽为清中期样本，但其团纹经营位置未出现偏差，且它们又被清中、晚期两团、四团、八团、九团和九团十二章帝王与官服团章布局的复原中一次次得到实证。这或许可以勾勒出清早、中、晚期官服团章十字"准绳"设计规制的图谱。

图 3-4　两团行龙贝子补褂

图片来源：李雨来、李玉芳《明清织物》，上海：东华大学出
版社，2013：444。

图 3-5　四团正龙补褂

图片来源：李雨来、李玉芳《明清织物》，上海：东华大学出
版社，2013：443。

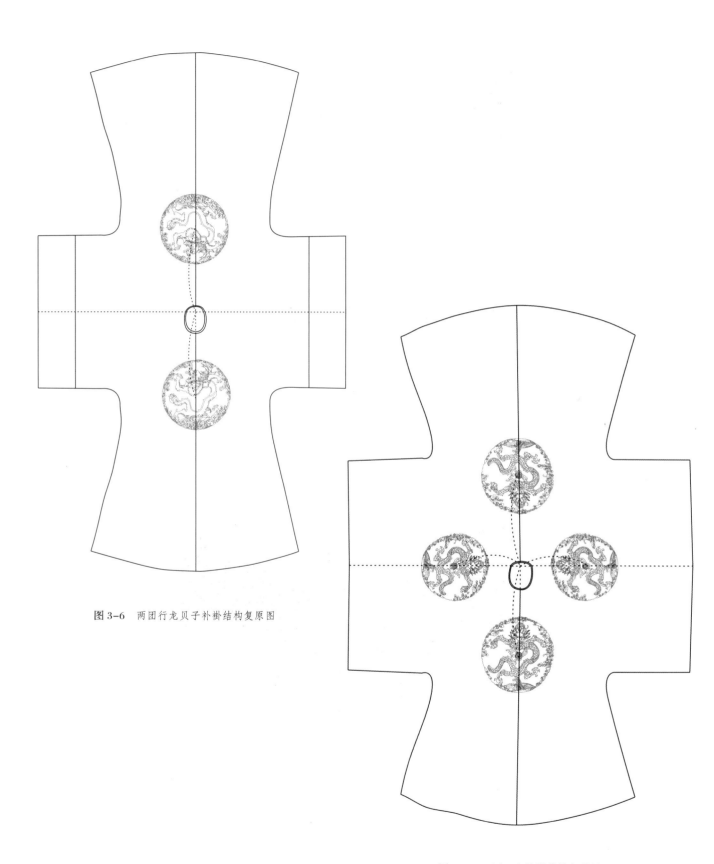

图 3-6　两团行龙贝子补褂结构复原图

图 3-7　四团正龙补褂结构复原图

　清古典袍服结构与纹章规制研究

（二）明黄色妆花缎八团女龙袍

图 3-8　明黄色妆花缎八团女龙袍

图片来源：李雨来、李玉芳《明清绣品》，上海：东华大学出版社，2013：209。

明黄色妆花缎八团女龙袍衣长 139cm，通袖长 188cm，下摆宽 120cm[13]（图 3-8）。该样本为清早期八团女龙袍，为验证其纹章与十字型平面结构的位置关系，借助制图软件将实物图象按比例缩放、拼接成平面展开图（图 3-9）。由此可以看出，衣身上对角团纹连线皆通过以肩线和中心线构成的十字交点。为确保结论的准确性，将明黄色妆花缎八团女龙袍做结构图复原实验（图 3-10）。通过两次实验将复原后的对角团纹用虚线连接，可以看出复原后的团纹皆分布在对角团纹的连接线上，且该对角连线亦通过十字型平面结构的交点，八团龙纹构成米字形布局。故该件清早期明黄色妆花缎八团女龙袍符合纹章以十字型平面结构为"准绳"位置关系的规制。

然而，是否所有清早期八团章袍都符合以上规律？对发表的七件样本八团章袍进行同样复原实验，所列七件实物时期分别是顺治、康熙、雍正、乾隆八团章袍的典型样本。通过数字技术模拟复原手段将实物样本进行平面对接，后将对角团纹连线，其每张图中的红色线迹即代表了该件实物团纹与十字结构的关系。从表 3-1 的模拟合成图中可以看出，所列实物上团纹皆分布在对角连接线上，且对角线交点均以肩线和中心线构成的十字结构的中心点相交。故由此实验可做初步判断，清代早中期官袍八团纹章分布规律符合纹章以十字型平面结构为"准绳"关系的规制，且在清官袍团章制度中具有普遍性。

图 3-9　明黄色妆花缎八团女龙袍模拟纹章与十字结构关系

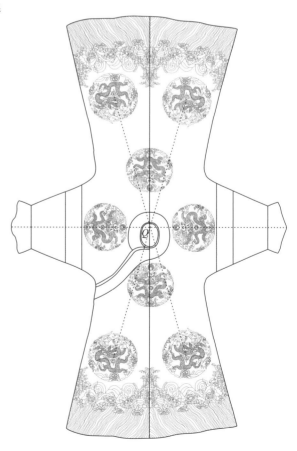

图 3-10　明黄色妆花缎八团女龙袍结构复原图

表 3-1　清早中期官袍八团纹章与十字型平面结构"准绳"关系对照表

名称	朝代	图片
黄色八团云龙妆花纱 男夹龙袍	顺治	
明黄色八团云龙妆花纱 女单龙袍	顺治	
石青色八团龙穿寿字 有水女夹褂	康熙	
明黄色八团云龙寿字 妆花缎女夹龙袍	康熙	

名称	朝代	图片
雪青色八团云龙妆花缎女绵龙袍	雍正	
香色纳纱八团喜相逢单袍	乾隆	
杏黄色纱缀绣八团云龙女夹龙袍	乾隆	

图片来源：李雨来、李玉芳《明清绣品》，上海：东华大学出版社，2013。

严勇、房宏俊《天朝衣冠》，北京：紫禁城出版社，2008。

黄能馥、陈娟娟、黄钢《服饰中华：中华服饰七千年》，北京：清华大学出版社，2013。

（三）杏黄色妆花缎九团龙袍

杏黄色妆花缎九团龙袍为清顺治时期典型的九团吉服袍样本，虽然九团龙袍的章纹经营位置没有像清中后期那么严格，但也基本形成了九团龙袍章纹规制的雏形。后期《清会典》载："龙袍……金九龙……领前后正龙各一，左右及交襟处行龙各一，袖端正龙各一，下幅八宝立水裾四开"[14]。其中"左右及交襟处行龙各一"中的"左右"是指前后左右下摆行龙各一，加上"交襟"行龙，即指里襟龙。这样构成了外八内一九团龙袍。这种形制在杏黄色妆花缎九团龙袍中成为清早期的实证，只是不像乾隆后那样规范而采用的都是"行龙"，但外八内一九龙的布局是没有改变的。因此，九团与八团纹章也会采用相同的"准绳关系"。该样本通袖长、衣长分别为198cm、141cm，下摆宽116cm[12]，外八团龙纹偏大均为行龙是清早期龙袍的典型特征（图3-11）。因未得到实物无法手绘测量，进而通过数字技术图片拼接手段将尽可能真实还原，以判定九团龙纹的经营位置与十字型平面结构之间的关系。

通过借助 Adobe Photoshop 等软件辅助制图，将样本按比例真实还原平面展开状态（图3-12）。通过十字交点连接对角团纹可以发现团纹中心点皆通过对角连线，并以中轴线和肩线构成的十字型结构上下左右对称的方式排列。为进一步验证结论的准确性，将杏黄色妆花缎九团龙袍进行实物的结构图复原（图3-13），故通过两次实验可以判断，杏黄色妆花缎九团龙袍其纹章的位置经营符合以十字型平面结构为"准绳"的坐标关系。其中因实物和图片拍摄拼接产生的极微误差可忽略不计，说明这种实验的结果是真实可靠的。

从官方的典章情况看，清早期龙袍（指乾隆朝以前）纹章营造尚未定制，或还没有形成定型的清律有些许不规范，所以清早期的九团龙袍其纹章布局是否符合上述规律值得探讨。通过官方发表的九组清早中期九团龙袍案例做对比分析，并通过复原九组样本的平面展开图，以及模拟复原每个样本对角团纹连接线与纹章的位置关系可以看出，九组龙袍中有八组符合纹章以十字型平面结构为"准绳"的位置关系。其中石青

前

图片来源：李雨来、李玉芳
《明清绣品》，上海：东华大
学出版社，2013：364。

后

图 3-11 杏黄色妆花缎九团龙袍

图 3-12 杏黄色妆花缎九团龙袍模拟纹章与十字结构关系

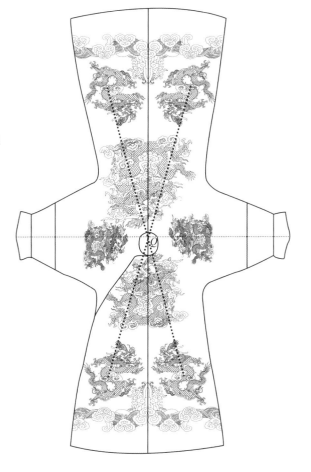

图 3-13 杏黄色妆花缎九团龙袍结构复原图

地金龙万寿字平水江崖缂丝斜领右衽平袖藏式龙袍其纹章分布虽基本符合以十字型平面结构为"准绳"的分布规律，但其纹章数量的分布不符合前胸后背各一，前后下摆各二，肩左右各一的清代团纹官制。因而，清早期龙袍纹章其位置经营关系虽整体符合纹章与十字型平面结构的"准绳"关系，但纹章数量的规制仍未统一，亦验证了清早期官服未完全定制的史实。这其中是否存有尊重民族习惯的"边疆制"（藏式龙袍样本）区别？值得深入研究（表3-2）。

表3-2 九团龙章袍与十字型平面结构"准绳"关系对照表

名称	朝代	是/否符合龙纹与十字型平面结构"准绳"关系	图片
明黄地织金妆花纱金龙行云海水江崖纹龙袍	顺治	是	
明黄地缂丝云龙十二章海水江崖纹单龙袍	雍正	是	
明黄缎地缉线盘金绣云龙十二章天马皮裘龙袍	雍正	是	

名称	朝代	是／否符合龙纹与十字型平面结构"准绳"关系	图片
明黄色满地云金龙妆花缎女绵龙袍	雍正	是	
明黄色缎绣云龙银鼠皮龙袍	雍正	是	
明黄色缂丝金龙十二章祥云海水江崖纹龙袍	乾隆早期	是	
明黄色绣云龙十二章裌（夹）龙袍	乾隆	是	

名称	朝代	是/否符合龙纹与十字型平面结构"准绳"关系	图片
缂丝彩云蓝龙青白肷狐皮龙袍	乾隆	是	
石青地金龙万寿字平水江崖缂丝斜领右衽平袖藏式龙袍	康熙	否	

图片来源： 李雨来、李玉芳《明清绣品》，上海：东华大学出版社，2013。

严勇、房宏俊《天朝衣冠》，北京：紫禁城出版社，2008。

黄能馥、陈娟娟、黄钢《服饰中华：中华服饰七千年》，北京：清华大学出版社，2013。

参考文献

［1］ 王宇清. 冕服服章之研究［M］. 台北：台湾中华丛书编审委员会，1966 年.

［2］ 贾谊. 新书校注［M］. 阎振益，钟夏，校注. 北京：中华书局，2000.

［3］ 慕平，译注. 尚书［M］. 北京：中华书局，2009.

［4］ 刘昫，等. 二十六史：旧唐书［M］. 北京：北京时代华文书局，2001.

［5］ 林尹. 周礼今注今译［M］. 北京：书目文献出版社，1985.

［6］ 安小兰，译注. 荀子［M］. 北京：中华书局，2007.

［7］ 华梅. 中国历代《舆服志》研究［M］. 北京：商务印书馆，2015.

［8］ 王圻，王思义. 三才图会［M］. 上海：上海古籍出版社，1988.

［9］ 大清五朝会典［M］. 北京：线装书局，2006.

［10］ 许慎. 说文解字［M］. 北京：九州出版社，2001.

［11］ 吕不韦. 吕氏春秋［M］. 关贤柱，廖进碧，钟雪丽，译注. 贵阳：贵州人民出版社，1990.

［12］ 李雨来，李玉芳. 明清织物［M］. 上海：东华大学出版社，2013.

［13］ 李雨来，李玉芳. 明清绣品［M］. 上海：东华大学出版社，2013.

［14］ 清光绪朝石印本影印. 清会典［M］. 北京：中华书局，1991.

第四章

清古典服饰规制

从中华传统服饰形制的流变情况来看，交领大襟到圆领大襟、直领对襟到圆领对襟的演变成为主流。因为它们在"十字型平面结构"的指引下最能有效地执行和表现"纹章制度"，这种情形到了清代官袍成为集大成者。皆因满族统治并没有另起炉灶且严格遵守汉文化的传统祖制，强化满汉"联姻"。故清官袍"纹章规制"坚守并规范了自先秦两汉以来深衣的连属形制，采用圆领大襟、对襟连属和通身的形制，以强调朝服（礼服）和吉服的礼法作用。而在常服、行服、雨服和戎服等便服中几乎不采用"连属形制"，而多用分属的套装形式，这也是继承和发展了先秦以来的祖制，并修典章昭示，以此强化满汉文化的制约助少数民族王朝统治中华的江山永固。

清官服制度源起于顺治六年颁布的命服之制❶，后于康熙年间仿《唐六典》体例编纂《清会典》，历经康熙、雍正、乾隆、嘉庆、光绪五朝修典，于乾隆朝图文分离，出现《清会典》和《清会典则例》两本典籍并行的情况。旧典序载，"原议旧仪，连篇并载，是典与例无辨也。夫例可通，典不可变。今将缘典而传例后，或撼例以毁典，其可乎！于是区会典、则例各为之部而辅以行"[2]。自此《清会典》于乾隆朝分籍记载后基本定型，后续两朝均属续修，故清服饰制度成型于乾隆盛世后，并一直延续。这就是我们今天看到的清古典袍服"团章"制度的礼法基础。

---

❶ 《阅世编》，清初叶梦珠撰，其卷八冠服一章载："本朝于顺治二年五月，克定江南时，郡邑长吏，犹循前朝之旧，仍服纱帽圆领，升堂视事，士子公服、便服，皆如旧式。……至六、七年间，始颁命服之制，……其命服则即满袍加以前后绣补，一如前代之式，……凡龙凤锦绣织文，一概禁止，如有僭干者，罪及造造之家。于是命服始有定式，莫敢僭越。"[1]

一、两团（补子）、四团、八团、九团纹章规制

纹章规制是清代官袍的典型特征，以十字型平面结构为基础的圆领大襟、对襟等服饰形制中，纹章样式、数量、大小乃至经营位置构成了清官袍等级礼制系统。然而，纹章制度自古就是礼制的载体，"盖人物相丽，贵贱有章，天实为之矣"[3]，"服饰，章身之具也"[3]。纹章以制度形式虽早出现于商周，但清作为封建制度下的末代王朝，纹章于服饰应用范围之广、法度之严显然走向了极致。通过对光绪朝《清会典》等典籍考证及清末典型标本的数据采集、绘制与结构图复原的实证研究发现，自乾隆朝以后，清官袍纹章形成了以数量为单位的二团、四团、八团、九团的系统化纹章规制，且四类纹章规制涵盖了从帝后至文武百官服饰纹章的全部结构形态。值得研究的是，从二团到九团纹章如何经营位置，与中华传统服饰"十字型平面结构"系统有着密切联系。换言之，服饰裁剪制式的"十字结构"对纹章的布局具有"坐标"和"准绳"的作用，但在典籍和文献中并没有记载。这需要先弄清楚清官袍纹章规制的完整面貌。

（一）两团（补子）纹章

两团❶纹章分为圆补和方补两类，是套穿于袍服外面的补褂，两团纹章分布在前后身正中。服用方补者为文武百官及镇国公、辅国公、和硕额驸、民公、侯、伯等。服用圆补者为皇孙、皇曾孙、皇元孙、贝勒、贝子及固伦额驸，故团补和方补即区分皇室宗亲和外戚文武百官的重要标志。《清稗类钞》载，"补服惟亲郡王所用者为圆形，余皆方"[4]。因而圆补限皇室宗亲，外戚百官只能用方补（图4-1）。

百官两团方补服分文武，依据不同官阶、职位由纹章内容划分并沿袭明朝官服章制，"文职以鸟，武职以兽，盖始于明也"[4]。文一二品仙鹤、锦鸡，文三四品孔雀、云雁，文五六品白鹇、鹭鸶，文七八品鸂鶒、鹌鹑，文九品练雀，都御使、副都御使、给事中、御史、按察司各道均用獬豸。武一品麒麟，镇国将军、郡主额驸同；武二品狮，辅国将军、县主额驸同；武三品豹，奉国将军、郡君额驸、一等侍卫同；武四品虎，奉恩将军、县君额驸、二等侍卫同；武五品熊，乡君额驸、三等侍卫同；武六品彪，蓝翎侍卫同；武七八品犀牛；武九品海马；从耕农官用彩云捧日[5]。除明代八品用黄鹂、九品用鹌鹑、杂职用练鹊、武官一二品用狮子[6]外，其余纹章形制基本沿袭明制。而明制多遵循古礼，故文武百官补纹样式可追溯于汉代《礼》的五兽说"天下之大兽五：脂者、膏者、臝者、羽者、鳞者"，其五兽分别对应走兽类、甲壳类、赤裸类、飞禽类、鳞虫类。然而，龙为鳞虫类之首，帝王的化身，文武百官以走兽、飞禽为象征辅佐其统治天下，凤为飞禽之首，做龙凤呈祥皇后的象征[6]。此外，据《清稗类钞》记载，"品官之补服，文武命妇受封者亦得用之，各从其夫或子之品以分等级。惟武官之母妻亦用鸟，意谓巾帼不必尚武也"[4]。因而，清代文武百官及命妇补服以低于五兽之首的其他禽兽类为章，彰显群臣受统于皇室下亦是华夏族"明礼辨尊"的延续。而该纹章制度较早成型于顺治六年并载于当年颁布的

---

❶ 两团：指清官袍中单件官服纹章数量为前后两团纹的服饰，亦称补服，分为圆补和方补。

方补官袍   圆补官袍

图 4-1　官袍方补和圆补形制

命服之制中，且后续典籍均有记载❶（图 4-2）。

　　纹章两团形制除方补外，另有圆补存在，虽数量相同但形制区别于
方补，表明地位在百官之上，而两团蟒纹❷亦是皇室宗亲中等级最低的
补褂品类。两团圆补通常施以四爪蟒纹为章，且以蟒纹的形态（正蟒、
行蟒）细分等级并只用于男服，《清会典》载："皇孙补服色用石青，前
后绣四爪正蟒各一团""皇曾孙补服前后绣四爪行蟒各一团"[2]。因而
两团纹章除了用章纹内容区分官职高低外，两团形制的不同也是区别皇
室和百官等级的重要标志，即在两团补子数量相同的情况下圆补等级高
于方补，且只用于皇室宗亲（参见图 4-1）。

---

❶　该记述源自宗凤英的《清代宫廷服饰》，北京：紫禁城出版社，2004。
❷　蟒纹：形制与龙纹同，虽有"五爪为龙，四爪为蟒"一说，但解释并不全面。清末
　　蟒袍实物几乎均为五爪蟒，且清末龙纹一词只允许皇帝、皇后、皇太后使用，其余
　　人等所服均称龙为蟒纹。因本文原引自光绪朝《清会典》，故"龙纹"一词在郡王级
　　以上均有使用。

文一品　仙鹤　　　　文二品　锦鸡

文三品　孔雀　　　　文四品　云雁

文五品　白鹇　　　　文六品　鹭鸶

文七品　鸂鶒　　　　文八品　鹌鹑

文九品　练雀　　　　都御史等　獬豸

清文官补服纹章形制①

清文官大臣陈伯陶着文官补服像②

① 标本来源：北京服装学院民族服饰博物馆藏品，石青芝麻纱夏补褂。
严勇、房宏俊《天朝衣冠》，北京：紫禁城出版社，2008。
黄能馥、陈娟娟、黄钢《服饰中华：中华服饰七千年》，北京：清华大学出版社，2013。
② 图片来源：刘北汜、徐启宪《故宫珍藏人物照片荟萃》，北京：紫禁城出版社，1995：251。

清总理大臣李鸿章着武官补服像^②

① **标本来源**：北京服装学院民族服饰博物馆
藏品，石青缎武官绵补褂。
严勇、房宏俊《天朝衣冠》，北京：紫禁
城出版社，2008。
黄能馥、陈娟娟、黄钢《服饰中华：中
华服饰七千年》，北京：清华大学出版社，
2013。
② **图片来源**：刘北汜、徐启宪《故宫珍藏
人物照片荟萃》，北京：紫禁城出版社，
1995：248。

武一品　麒麟　　　武二品　狮

武三品　豹　　　武四品　虎

武五品　熊　　　武六品　彪

武七/八品　犀牛　　武九品　海马

从耕农官　彩云捧日

清武官补服纹章形制^①

图 4-2　文、武官补服补子形制

（二）四团纹章

四团纹章同属补褂类，分衮服、龙褂和补服三种称谓，故不用于袍服（圆领大襟）。衮服为皇帝御用补褂名，据《清代宫廷服饰》[7]述："衮与卷古同声。卷者，曲也，象龙曲形曰卷龙；画龙作服曰龙卷，加衮之服曰衮衣"❶。可见"衮"指衣服上的卷龙纹饰，"色用石青，绣五爪正面金龙四团，两肩前后各一。其章，左日右月（作者注：配有十二章的两章），前后万寿篆文，间以五色云"[2]。乾隆时期多为两章，嘉庆、道光时期亦多为两章，间有四章，同治、宣统时期多为四章❷。龙褂即皇子所服四团龙纹补褂，区别于皇帝衮服不含日月两章，其余与衮服形制相同。《清会典》载，"皇子龙褂，石青色，绣五爪正面金龙四团，两肩前后各一，间以五色云"[2]（图4-3）。

除帝王外，亲王、亲王世子、郡王所服四团补褂均以龙纹形态区分等级。亲王、亲王世子为两团正龙、两团行龙，郡王为四团行龙。"亲王补服绣五爪金龙四团，前后正龙，两肩行龙"，"郡王补服，五爪行龙四团"[2]。据记载，乾隆朝以前诸王异姓服四团龙补褂须由皇帝钦赐。"雍正朝，特赐年羹尧以四正龙补服。然文忠以椒房优宠，兆文毅公惠以平定西域功，阿文成公桂以平定两金川功，福文襄王康安以平定台湾功，皆赐四团龙补服"[4]。而后，由于诸王赐补服与皇帝无二，故乾隆朝时傅文忠公恒❸以与御服无别为由，奏改亲王服二行龙二正龙补服，郡王服四行龙补服，以为定制[4]。因而在团纹数量无异时，清宗室服饰用龙纹形态（正龙、行龙）及十二章纹区分等级。

清四团纹章并非男子专用，《清会典》载："皇子福晋吉服褂，石青

---

❶ 原句引自《陈兔传》。

❷ 该观点源自宗凤英《清代宫廷服饰》，北京：紫禁城出版社，2004。

❸ 富察·傅恒（约1720-1770年），字春和，清高宗孝贤纯皇后之弟，满洲镶黄旗人。乾隆时期历任侍卫、总管内务府大臣、户部尚书等职，授一等忠勇公。乾隆三十五年（1770年）病卒。乾隆皇帝亲临其府奠酒，谥文忠。

石青色缎缉米珠绣四团云龙夹衮服②

雍正皇帝坐像①

捻金绣四团正龙皇子龙褂③

图4-3　四团纹章帝王画像及实例

①③图片来源：黄能馥、陈娟娟、黄钢《服饰中华：中华服饰七千年》，北京：清华大学出版
　社，2013：432、404。
②图片来源：严勇、房宏俊《天朝衣冠》，北京：紫禁城出版社，2008：20。

色，绣五爪正龙四团，前后两肩各一"[2]。除《清会典》外，《朝天锦
绣：昇雯阁藏明清宫廷服饰》《清代宫廷服饰》等现代文献中也有相同
载录，"女吉服褂，亦补服（即四团补、八团补）"。此外，《清稗类钞》
载，"亲王福晋吉服褂，绣五爪金龙四团，前后正龙，两肩行龙""郡王
福晋吉服褂，绣五爪行龙四团，前后两肩各一"[4]。可见至清末，女
子四团补褂与八团补褂呈现出并行面貌。

（三）八团纹章

在清朝 275 年的历史中，八团纹章曾于顺治年间出现在皇帝龙褂上后渐被四团取代。到嘉庆朝以后，八团作为女子服饰的典型特征存在，据记载，"八旗妇人礼服，补褂之外，又有所谓八团者，则以绣或缂丝，为彩团八，缀之于褂，然仅新妇用之耳。"[4] 可见八团样式自此开始流行于女子服饰中（图 4-4）。

八团纹章之于宫廷女服中有龙褂、吉服褂之分，妃以上均称龙褂，妃以下至镇国公夫人均称吉服褂，不仅用称谓区分等级，其纹章内容和数量更是等级划分的重要因素。其间有龙纹、夔龙纹、双螭纹、花卉纹与蟒纹之分。皇太后、皇后、皇贵妃、贵妃用四正四行龙，嫔用四正龙四夔龙，妃用云芝瑞草，嫔不绣花纹，皇孙福晋用八团双螭纹，皇元孙绣五彩瓜瓞。故依据上文所述，当团纹等级按数量分时，团数越多等级越高，而当团纹数量相当时，纹章内容则成了划分等级的重要标志（图 4-5）。

八团纹章除用于女子吉服褂外，还用于女子吉服袍中，故里襟无团章。皇后龙袍 ❶ 三种形制中，八团形制占其一，"绣五爪金龙八团，两肩前后正龙各一，襟行龙四"[2]。《清会典》载，除皇后、皇贵妃外其他宫廷嫔妃吉服袍均未有八团形制，"贵妃以下龙袍各一，绣金龙九"[2]。可见，至清中后期八团虽流行于女服中，但却并非所有女子皆可穿，其间有严格的等级规章。

---

❶ 龙袍：特指皇帝、皇太后、皇后及嫔位以上人所服用的吉服袍。

顺治·黄色八团云龙妆花纱男夹龙袍①

石青缎五彩绣八团女吉服袍②

图 4-4　清早晚期男、女八团龙袍对比

① 图片来源：严勇、房宏俊《天朝衣冠》，北京：紫禁城出版社，2008：50。
② 标本来源：北京服装学院民族服饰博物馆藏品，石青缎五彩绣八团女吉服袍。

清·石青色绸绣八团龙凤双喜绵褂①

清·明黄色八团云龙妆花纱女单龙袍②

图 4-5　八团纹章褂和袍于清女子吉服的应用

①② 图片来源：严勇、房宏俊《天朝衣冠》，北京：紫禁城出版社，2008：66、58。

（四）九团纹章

　　九团 ❶ 纹章规制于清官袍中只用在大襟圆领袍中，类属吉服，且多用于龙袍与蟒袍中，表面观察与八团纹章形制一样，只是里襟藏有一行龙团纹（或行蟒纹）。《清会典》载，皇帝冠服"龙袍，色用明黄。领袖俱石青，片金缘，绣文，金龙九，列十二章，间以五色云"[2]；皇子以下冠服"蟒袍，色用金黄，片金缘，通绣九蟒，裾四开"[2]；王以下各以其等为差，"蟒袍，通绣九蟒"[2]。由此，确立了九团纹章为清宫龙袍和蟒袍为首的吉服袍特定纹章规制（图4-6）。

　　九团纹章于女子吉服中亦有使用。"皇后龙袍之制有三，皆明黄色，领袖皆石青，袖如朝袍，裾皆左右开。其一，绣金龙九，间以五色云，福寿文采为宜，下幅八宝立水，领前后正龙各一，左右及交襟处行龙各一"[2]，"皇子福晋蟒袍，香色，通绣九龙"[2]。此外，九团纹章除用于男、女吉服袍外，还用于皇后朝袍。"皇后朝袍之制有三，皆明黄色，披领及袖皆石青，加缘，肩上下龙朝褂处亦加缘。其一，绣金龙九，间以五色云"[2]。可见，九团纹章的龙袍与蟒袍基本属于皇帝直系的专属纹章规制（图4-7）。

　　至此，可以对清官袍纹章团纹规制作如下梳理。首先，两团（圆补和方补）、四团、八团和九团纹章规制，分别用于朝服和吉服中，只是通过团纹的数量、形制、纹饰内容区别皇亲国戚和文武百官的等级。团纹数量越多越成为皇室宗亲的专属，九团纹章便成为皇帝直系的专用章帜。其次，圆补总是高于方补，这与"天圆地方"的哲学正统有关，因此圆补与方补几乎是皇族与百官的分水岭。团纹数量相同时，通过纹饰内容识别等级，这是一项极其繁复的礼法传统和制度系统，还需要作更系统深入的文献和实据考证，可以得到确信的是无论团纹数量多少，袍

---

❶ 九团：此词并未出现于《清会典》的记载中。本文特指里襟内含纹章的吉服袍，与外八团纹章相加数量为九，外观上能看到纹章最大的数量为八团。

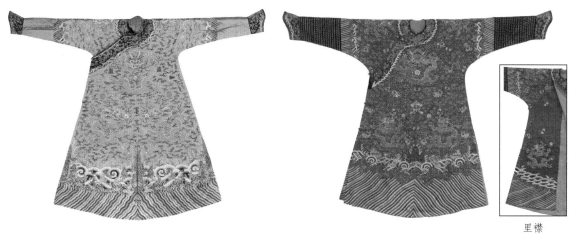

里襟

明黄色缎绣彩云黄龙夹龙袍①   灰蓝织金缂丝云纹蟒袍②

图 4-6   九团纹章规制实例

① **图片来源**: 严勇、房宏俊《天朝衣冠》，北京：紫禁城出版社，2008：57。
② **标本来源**: 北京服装学院民族服饰博物馆藏品，灰蓝织金缂丝云纹蟒袍。

图 4-7   清·明黄色满地云金龙妆花绸女绵龙袍

图片来源: 严勇、房宏俊《天朝衣冠》，北京：紫禁城出版社，2008：59。

总是比褂更求尚礼，因此两团、四团只有褂的形制没有袍，八团以袍为主、以褂为辅，九团只有袍没有褂，可见团纹数量随服装制式等级的升高而升高。如此看来九龙团纹作为吉服的专属纹章规制（表4-1），其团纹的经营位置基于怎样的结构布局？是否存在礼法，标本研究便成为关键。

表 4-1 清团纹章服规制

名称	外观形态		所属品阶
朝褂 （两团）	①两团圆补褂	②两团方补褂	①皇室官员服两团圆补褂 皇孙、皇曾孙、皇元孙、贝勒、贝子、固伦额驸 ②百官服两团方补褂 文武百官、镇国公、辅国公、和硕额驸、民公、侯、伯等（百官）
朝褂 （四团）	四团补褂		皇室成员服四团补褂 皇帝、皇子、亲王、亲王世子、郡王、皇子福晋、亲王福晋、郡王福晋
吉服 （八团）	八团女子吉服褂	八团女子吉服袍	皇太后、皇后、妃嫔、一品至七品命妇等
龙袍 （九团）	九团吉服袍		帝后、获赐文武百官、命妇

二、清帝王官服规制

帝制时代，服饰制度主要体现在官服制度上，奉行悉听君便的"全民体制"，到清朝达到了巅峰。清皇帝服饰分为礼服、吉服、常服、便服、行服、戎服、雨服，依据穿着场合及礼仪级别的高低划分。结构形制帝王与官员并无区别，大体上为上衣下裳连属袍制、袍褂制和上衣下裳分属制。官制即纹章制度主要体现在礼服和吉服上，皇亲宗室和文武百官据此仪规逐简处之。

（一）礼服

清帝王礼服即朝祭服，又名朝服。《清会典》载："皇帝朝祭冠服，皆为礼服"[2]。清之前各朝祭服与朝服形制分离行使不同功能，且君臣按等级均有相应祭服。至清代，由皇帝至文武百官乃至后宫嫔妃，朝服与祭服合二为一具有朝祭两种功能。《清会典事例》有述礼服的应用场合"坛、庙祭祀。驾出入，王公百官均朝服迎送。每年忌辰、清明、孟秋望、冬至祭祀、皇子祭陵、向来朝服将事，惟皇子内有年幼未蒙赏赐朝服者，则穿蟒袍，此外执事各员均一体穿用朝服"[8]。然而，不同季节亦有不同的朝服组配和章制❶。

端罩。皇帝礼服由朝冠、朝珠、端罩、衮服、朝袍、朝带、斋戒牌、朝靴组成。端罩是冬至祭祀为御寒所服用在朝袍外的裘皮外褂，形制对襟、圆领、长至膝间。端罩既可以搭配礼服，亦可以搭配吉服。与礼服组合出现时名为端罩，与吉服套穿时名为罩褂。端罩按裘皮种类分有黑狐、紫貂、青狐、貂皮、猞猁狲、红豹皮、黄狐皮七种，分别代表不同身份等级，《清会典》载，"皇帝端罩用紫貂，十一月朔至上元用黑狐，皆明黄缎里，左、右垂带各二，下广而锐，色与里同"[2]。清宫冬季服装大量使用皮料，而这些皮料主要产自清代满族统治者的发祥地东北高寒地区，文献载，"东三省诸山多松林，茂条蓊蔚，结实甚大。貂深嗜此，多栖焉。边界居民不惮跋涉，恒携猎具冒险往取。貂目锐行捷，一瞥间，忽不知所往。常经旬不能得其一。得之，集以成裘，价至昂。以毛色润泽，香气馥郁，纯黑发灿光者为上品。"[4]因紫貂难以觅寻为罕有，端罩便成为帝王直系在冬季与礼服配搭的专属品（图4-8）。

《清会典》载，"凡朝会祭祀，俱服朝衣补服。筵燕、迎銮及一应嘉礼，俱服蟒袍补服。每月朔日，及初五、初十、十五、二十、二十五等日俱服补服。应服端罩者，以端罩代补服，不应用端罩者，不得于朝会之地，反穿皮褂以混补服"[2]。可见端罩并非谁人都可用，其中皇帝以下，皇太子用黑狐皮，皇子用紫貂皮，亲王、亲王世子、郡王、贝勒、贝子、固伦额驸用青狐皮，镇国公、辅国公、和硕额驸用紫貂皮，民公以下至文三品武二品以上及辅国将军、县主额驸等用貂皮，一等侍卫用猞猁狲皮间以貂皮，二等侍卫用红豹皮，三等侍卫及蓝翎侍卫用黄狐皮，除上述人员外，其余人均不得享用端罩。

"嘉庆五年谕……朕于正月初三日宿坛，是日恭值皇考高宗纯皇帝二周年忌辰，例应素服，但郊坛大祀典礼最重，朕于恭阅祝版时，仍照向例御龙袍龙褂，随侍官俱穿蟒袍补褂。到坛恭诣皇乾殿拈香，并应

---

❶　章制：分纹制和色制，它们基本上承袭明制。例如，朝袍的柿蒂纹，在明朝无论是名称还是用图袭用不悖，它从锦衣卫飞鱼服借鉴而来，故也叫飞鱼纹（参见图4-12）。还有十二章纹、文武官补章纹制等均沿用明制。用色制度也大都如此。

清古典袍服结构与纹章规制研究

行省视各典礼，俱御龙袍貂褂……俟朕至斋宫后，大小官员俱不必穿蟒袍，应穿貂褂补褂朝珠"[8]。此载所证，这个传统并非满族骑猎文化所致，清端罩规制尚有周礼"大裘而冕"遗韵，"祀昊天上帝，则服大裘而冕，祀五帝亦如之，享先王则衮冕。"[9]由此继承了华夏族的礼制文脉，依然行使其祭祀功能。可见清皇室对于裘皮的使用一方面是出于保暖的实用目的，更重要的则是以此寓意时时不忘汉室关内旧俗之意。

衮服。衮服为天子穿的礼服，即卷龙衣。于清代特指皇帝所服用的石青色四团正龙补褂，其可与朝袍和吉服袍搭配套穿于外，是非冬季的礼服罩褂。形制为圆领、对襟、左右及后开裾，长至膝间。《清会典》载，"衮服，色用石青，绣五爪正面金龙四团，两肩前后各一。其章，左日右月，前后万寿篆文，间以五色云"[2]。即主体章纹为正面团龙纹，分列于前胸后背及左、右两肩，其间饰有五彩云纹、万字纹和八宝吉祥图案。《天朝衣冠》收录了清乾隆（1736—1795）石青色缎缉米珠绣四团云龙夹衮服，为清帝后服饰中的罕见珍品。其团纹内饰五彩流云和红色万字、蝙蝠和寿桃纹，寓意"万福万寿"。龙纹则由几万颗小米般大小的白色珍珠绣成，工艺精美复杂，为传世极品[10]（图4-9）。

图4-8 明黄色绸里黑狐皮端罩

图片来源：严勇、房宏俊《天朝衣冠》，
北京：紫禁城出版社，2008：21。

图4-9 石青色缎缉米珠绣四团云龙夹衮服

图片来源：严勇、房宏俊《天朝衣冠》，北京：
紫禁城出版社，2008：20。

皇帝衮服纹章规制与宗室亲王补服无异，需以龙纹形态、开衩数量及名称作为等级区分的标志。"衮服"一词专用于清代皇帝补褂，可追溯于华夏服制的衮冕制度，明朝是唯一将衮冕制度用文字、绘图形式载于文献的朝代，但早在周代已出现衮冕的记载。《仪礼·觐礼》载，"天子衮冕，负斧依"[11]。《周礼》载，"衮冕为王之吉服"[9]。可见，"被衮而象天"[10]的传统延续至清代即体现在帝王衮冕规制的文脉中。

朝袍。清皇帝朝袍其制有二，分冬、夏两种。冬朝袍《清会典》载，"十一月朔至上元所服，披领及裳，皆表以紫貂，袖端薰貂，绣文两肩前后正龙各一，襞积行龙六，列十二章均在衣间以五色云"[2]。夏朝袍为"披领及袖俱石青，冬用片金加海龙缘，夏用片金缘，绣文，两肩前后正龙各一，腰帷行龙五，衽正龙一，襞积前后团龙各九。裳正龙二、行龙四，披领行龙二，袖端正龙各一。列十二章，日月、星辰、山龙、华虫、黼黻在衣，宗彝、藻火、粉米在裳，间以五色云，下幅八宝平水"[2]。可见，朝袍纹章由42条（外观37个龙纹+里襟襞积4团龙+里襟裳部1行龙）大小不一的龙纹、十二章纹、云纹及八宝平水纹组成，而该形制于乾隆后定制，乾隆朝前形制不一。除纹章外，清皇帝朝袍为上衣下裳的连属制，而这种上衣下裳的连属制源于华夏族原始的天地崇拜，《周易·系辞下》载，"黄帝、尧、舜垂衣裳而天下治，盖取诸乾坤"。以服饰形制寓意天地之象，印证"天尊地卑"之古礼。衣在上，上为天，天为尊；裳在下，下为地，地为卑。由此可推断，清统治者其服饰制度的根基源于华夏族的服饰礼制，同时也印证了"古以殊衣裳者为礼服，以不殊衣裳❶者为燕服"[12]的古语（图4-10～图4-12）。

图4-10　清高宗乾隆皇帝朝服像

图片来源：黄能馥、陈娟娟、黄钢《服饰中华：中华服饰七千年》，北京：清华大学出版社，2013：420。

---

❶　殊衣裳：殊意为断，燕服为行服（休闲服）。可释为：分上衣下裳者为礼服，不分上衣下裳者为行服。

康熙·明黄色云龙妆花缎皮朝袍①   康熙·明黄色缎绣云龙貂镶海龙皮朝袍②

前   后

图 4-11 冬朝袍规制实物与图样

①②图片来源：严勇、房宏俊《天朝衣冠》，北京：紫禁城出版社，2008：22、24。

图片来源：黄能馥、陈娟娟、黄钢《服饰中华：中华服饰七千年》，北京：清华大学出版社，2013：425。其中"柿蒂"指左、右肩和胸背处形成的"柿蒂纹"，在清乾隆及其后朝仅用于朝袍，且承明制。

康熙·石青色织金妆花纱柿蒂四正龙祥云海水江崖纹夏朝服

前　　　　　　　　　　　　　　　　后

图4-12　夏朝袍实物与图样

　　此外，朝袍四色寓四相亦是清服饰与汉文化交融的结果。《清会典》载，"朝服色用明黄。惟南郊祈谷、常雩用蓝，朝日用红，夕月用月色"[2]。其意为朝服有四色，明黄、蓝、红及月白，冬至祭圜丘坛用蓝色以象天（天坛），夏至祭方泽坛用明黄色以象地（地坛），春分祭朝日坛用赤色以象日（日坛），秋分祭夕月坛用月白色以象月（月坛）。四色朝服恰好呼应了万物起源的四种媒介天、地、日、月，从而寓意皇

图 4-13　清皇帝天地日月四色朝服

图片来源：严勇、房宏俊《天朝衣冠》，北京：紫禁城出版社，2008：24-27。四色朝服中不变的是上衣下裳形制和柿蒂形龙纹。

帝于祭祀时达到"天人同构""天人合一"之境，强化了"君权神授"于帝王的正统。同时，四色朝服也反映出"以五采彰施于五色作服"❶的上古传说，其中五色为青、黄、赤、白、黑，而黑色用于朝服滚边处，汉文化中黑衣❷代表百姓，故用黑色镶边朝服，寓意以百姓为君国政事的准则不越雷池，故五色于清朝服均有体现，可见汉文化"天地玄黄，五方正色"[10]对清统治阶层的影响之深（图 4-13）。

---

❶ "以五采彰施于五色作服"出自《尚书·益稷》："帝（虞舜）曰：予欲宣力四方，汝为……以五采彰施于五色作服，汝明。"

❷ 黑衣：出自《天工开物》，潘吉星译注。"夫林林青衣，望阙而拜黄朱也"，即百姓着黑衣望见皇宫里穿黄带朱的权贵而敬拜。

（二）吉服

吉服是帝后节日时所穿用的礼服。如元旦节，按例应穿吉服七天；上元灯节，穿吉服三天等。万寿节，俗称"花衣期"，皇帝穿吉服七天。每年春耕开始前举行耕藉田仪式，皇帝也要穿吉服。清皇帝吉服由吉服冠、吉服袍（龙袍）、吉服褂（衮服）、端罩、吉服带、吉服珠等组成，其中"端罩衮服与礼服同"[2]（图4-14）。

皇帝吉服袍即人们通常所说的"龙袍"。"皇帝龙袍。色用明黄，领袖俱石青片金缘，绣文，金龙九，列十二章，间以五色云，领前后正龙各一，左右及交领处行龙各一，袖端正龙各一，下幅八宝立水，裾四开"[2]。龙袍形制为上下通身袍制，圆领（或立领）、大襟右衽、马蹄袖。色用明黄，绣九团金龙，列十二章，配有五色云及海水江崖纹。为区分君臣等级，皇帝吉服袍称为龙袍，皇子以下至文武百官均称蟒袍。以颜色分，皇帝龙袍用明黄色、皇子服金黄色、皇孙除金黄色外其余皆可用、皇曾孙以下服蓝酱色、王公百官蓝及石青随所用（图4-15）。以开裾数量分，宗室以上蟒袍皆四开裾，王公百官为两开裾。据《清会典》载，"皇室宗亲裾皆四开，余前后开"[2]。然而据故宫博物院蟒袍（吉服袍）实物来看，其除前后开裾外也存在左右开裾的现象，待考。

龙纹以龙爪数区分等级，《清会典》载，亲王以上皆服五爪蟒袍（含皇帝龙袍），贝勒以下至百官服四爪蟒袍。但从现存清末蟒袍实物来看，大部分皆为两开裾五爪蟒袍，故龙袍与蟒袍只能以开裾数量及颜色来区分。事实上，依据开裾部位及龙爪数量判断并不完全准确❶，说明这其中有更深层的宗族密规。此外，吉服袍有夹、纱、棉、裘四类，分别对应春夏秋冬四个季节服用（图4-16）。

清皇帝龙袍制作工艺烦冗复杂承袭明代，据《天工开物》记载，"凡上供龙袍，我朝局在苏杭。其花楼高一丈五尺，能手两人扳提花本，织过数寸即换龙形。各房斗合不出一手。赭黄亦先染丝，工器原无殊异，但人工慎重，与资本皆数倍，以效忠敬之谊。其中节目细微，不

---

❶ 本文所述龙纹皆为五爪，在区分龙袍和蟒袍时不做爪数区分。因从现存清末实物看，蟒纹爪数多为五爪，故不能以此判断其为龙袍或蟒袍，结果可能不准确。

图 4-14　雍正着吉服读书画像

图片来源：宗凤英《清代官廷服饰》，北京：紫禁城出版社，2004：154。

明黄色缎绣彩云黄龙夹龙袍①

皇子缂丝云龙纹蟒袍②

①② **图片来源**：严勇、房宏俊《天朝衣冠》，北京：紫禁城出版社，2008：57、75。
③ **标本来源**：北京服装学院民族服饰博物馆藏品，灰蓝织金缂丝云纹蟒袍。

灰蓝织金缂丝云纹蟒袍③

图 4-15　吉服袍实物标本章纹与颜色的等级区别

明黄色缉线绣云龙天马皮龙袍①

明黄色缂丝云龙十二章单龙袍②

图 4-16 冬、夏吉服袍质地有别、纹章相近

① 图片来源：严勇、房宏俊《天朝衣冠》，北京：紫禁城出版社，2008：75。
② 图片来源：黄能馥、陈娟娟、黄钢《服饰中华：中华服饰七千年》，北京：清华大学出版社，2013：438。

清 古典袍服结构与纹章规制研究

可得而详考云"[3]。沈从文先生于《中国古代服饰研究》提到："帝王特质袍服，还有用孔雀尾毛捻线做满地，铺平，另用细丝线横界，上面再用米粒大珍珠串缀绣成龙凤或团花图案，费工之大，用料之奢，都为前代所少见"[13]。可见，皇家服饰的奢靡用度，耗费人力、财力、物力之大，由此可窥见些许清末奢华盛极而必衰的缘由，最终致使清于1912年走向灭亡，被革命浪潮席卷覆灭。

对比清皇帝礼服与吉服，其区别在于礼服为上衣下裳连属制，吉服为通身袍制。礼服皆有披领，而吉服无。且礼服为朝会祭祀服用，吉服用于节日庆典，其形制、功能不尽相同，但也不同于常服而被视为非朝服的礼服。

（三）常服、行服

常服。为清代帝后服饰，仅次于吉服的便服，由常服冠、常服带和内外袍等组成，也是除礼服、吉服外唯一可以佩戴朝珠的服饰，不同的是常服不设纹章，形制分袍和褂，但以褂为主服。一般用于经筵、恭上尊谥、恭奉册宝等庄重恭敬的场合，及如大祀或中祭的斋戒期内遇先帝忌辰也服常服。据文献载："大祀斋戒如遇素服日期，皇帝御常服，挂朝珠"[2]，"祭日如遇素服日期，行礼时衣祭服，礼毕后更常服"[2]。如此"遇素服日期"穿常服是对先帝的崇敬之意，也明示常服不设章纹素服以释孝道。

常服褂为圆领、对襟，衣长过膝的褂子，色用石青，套穿于常服袍之外。无纹章，均为石青暗花绸缎，其花纹没有严格规定多为吉祥图案，以吉服为标准依据不同身份确定相应纹样。《清会典》关于常服褂所载不多，只规定了颜色石青（图4-17）。

图 4-17　乾隆·石青色缎常服褂

图片来源：严勇、房宏俊《天朝衣冠》，北京：紫禁城出版社，2008：88。

乾隆·酱色暗花缎常服袍

道光·银灰色暗花缎常服袍

图 4-18　典型四开裾常服袍实物

图片来源：严勇、房宏俊《天朝衣冠》，北京：紫禁城出版社，2008：89、94。

　　常服袍为圆领、右衽大襟、马蹄袖、四开裾直身袍，面料常用暗花缎，套穿于常服褂内。《清会典》规定"皇帝常服袍，裾四开，花纹袍色皆随所御"[2]。虽对其颜色、花纹没有明确规定，但通常为素色配暗花吉纹绸料。因其有礼服性质故衣服有马蹄袖，这也是其区别于便袍的唯一特征。然区分君臣常服袍则依据开裾数量，宗室前后左右裾四开，百官左右裾两开（图 4-18）。

　清古典袍服结构与纹章规制研究

行服。清皇帝行服由行服冠、行褂、行袍、行裳、行带等构成。行服用于皇帝外出巡行、狩猎、出征时所服。行袍穿在内，行带系腰间，行褂罩于行袍上身，行裳系在腰部于行袍和行褂之间。可谓上衣下裳分属制在清代的完美继承（图4-19、图4-20）。

行服褂为圆领、对襟的短身褂，汉马褂形制由此演变而来。皇帝行服褂"色用石青"[2]，王公百官同，御前大臣、侍卫班领、护军统领服明黄色。八旗正四旗除副都统、护军参领、火器营官服金黄色外，其余均服旗色（图4-21）。

行袍又名"缺襟袍"，与常服袍形制相似，皆为圆领、右衽大襟、马蹄袖、通身制。与常服袍稍有不同的是，行服袍于前片右裾下端一尺处剪断，后用三组扣襻连接，似缺襟状以便骑马用。其花纹、颜色不限对应其官阶品级使用❶，且君臣皆为四开裾以适骑乘，亦分冬、夏两制。事实上，行服"缺襟袍"并非至清才有，其形制与骑射有关，比较相近的形制于隋已有之，隋文帝征辽，诏武官服缺胯袄子。唐侍中马周请于汗衫上加服小缺襟袄子，诏从之。《旧唐书》载"僖宗裗衣见崔彦昭"[14]，王建《宫词》曰："裗衣骑马绕宫廊。"若此类缺襟袍当真取自古人衣服样式，可得清服饰吸收汉文化又一实例。此外，抑或由"胡服骑射"改良袭之（图4-19）。

行裳似围裙用于护胯，长至膝间，分左右两片，不相连。皇帝行裳其色随所用，王公百官服蓝或石青。文献载："行裳，色随所用，左右各一，前平后中丰，上下敛，并属横幅，石青布为之，毡袷各惟其时，冬用鹿皮或黑狐为表。"[4]可见除颜色、形制外，行裳还分布、毡、皮三种材质，分别用于夏、春秋、冬季（图4-20）。"行裳"并非清才有，基本也承明制，定陵出土一件裳和两件蔽膝都发现于万历帝棺内。"裳"有绒绣六章与《明会典》文献记载相符。"蔽膝"上窄下宽呈梯形，系皇帝穿皮弁服时所系❷。不同的是清"行裳"形制分左右开两裾，这与满骑射民族的传统有关。

---

❶ 《清会典》载："行袍，色与花文及行裳之色，皆随所御"。

❷ 中国社会科学院考古研究所《定陵》，北京：文物出版社，1990：94、95。

康熙·大红色寸蟒妆花缎绵行服袍   康熙·油绿色云龙纹暗花缎绵行服袍

图4-19 行服袍实物标本

图片来源： 严勇、房宏俊《天朝衣冠》，北京：紫禁城出版社，2008：102、103。

雍正·酱色羽毛缎行裳   雍正·梅花鹿皮行裳

图4-20 行裳实物标本

图片来源： 严勇、房宏俊《天朝衣冠》，北京：紫禁城出版社，2008：104、105。

图4-21 康熙·石青色缎银鼠皮行服褂

图片来源： 严勇、房宏俊《天朝衣冠》，北京：紫禁城出版社，2008：101。

清古典袍服结构与纹章规制研究

（四）雨服、便服、戎服

雨服。清皇帝雨服由雨冠、雨衣（褂）、雨裳等组成，为男子特有服饰，是君臣参加朝会等活动遇雨雪时所服冠服。

雨衣呈对襟形制亦称雨褂，乾隆朝定制前，雨衣作为时令用服形制颜色并不统一，由于不断完备服制法统，雨服也被逐渐礼制化，且制式有六，皆为明黄色。其一，形制同常服褂，上身合体下身宽松，以油绸为之，不加里，长度与内袍相同，衣身为两层，且均有里襟，内层衽下加博、有袖，外层领下加襞积、无袖，形似披风，领和纽约❶皆为青色。其二，有毡、羽缎、油绸三种。毡、羽缎用月白色里缎，领及纽约色与衣同，长度与袍同。油绸不加里，领用青色羽缎，纽约为青色。其三，形与常服褂同，加领，长度与袍同，领和纽约同衣色，有毡、羽缎两种材质，皆用月白色缎作里。其四，同常服袍，平袖，前有掩裆，材质以油绸为主，余同形制二。其五，加领，长度与坐齐，领及纽约色与衣同，毡、羽缎用月白色里缎。其六，形与常服褂同，加领，长度与坐齐，平袖，油绸材质不加里，前有掩裆，领用青色羽缎，纽约为青色。皇帝雨衣有单、夹之分，依据不同季节选不同制式、材质的雨衣服用（图4-22）。

雨裳形同行裳，和雨衣配合使用，为系于腰间长至膝部的护胯。其制有二，皆为明黄色，以油绸为材质不加里。其一，分为左右两幅，互不相连，但搭错❷交于前中，上窄下宽，于身前加浅帷，做襞积用，两侧缀青色纽约，腰部系石青带子。其二，前片为整幅不加浅帷，其余同一制。雨裳有雨裤的功能，为防止雨水通过前襟流入内衣，但不能单独使用，必须搭配雨衣、雨冠服用。

便服。清皇帝便服形制未有文献记载，或许与常服形制相同所致，由于多用在休闲场合而搭配更加自由，在清古典服饰中是最具个性化的。便服是清代帝后、王公百官日常闲居时穿用的衣服，包括便袍、马褂、坎肩、套裤、便鞋等。相对于严苛的礼服、吉服、行服、常服规

---

❶ 纽约：载于乾隆年《皇朝礼器图式》，即组襻。
❷ 搭错：相互搭叠错落。

图片来源：黄能馥、陈娟娟、黄钢《服饰中华：中华服饰七千年》，北京：清华大学出版社，2013：454。乾隆朝定制前，雨服颜色不统一，定制后雨服颜色为明黄色。

图 4-22　康熙·朱红色羽纱雨服

清标准便袍实物①

光绪皇帝便服写字坐像②

① 图片来源：严勇、房宏俊、殷安妮《清宫服饰图典》，北京：紫禁城出版社，2010.06：215。
② 图片来源：宗凤英《清代宫廷服饰》，北京：紫禁城出版社，2004：189。
③ 便袍与常袍最大的区别为：前者为平袖，后者为马蹄袖。

图 4-23　便袍③

制，便服其纹饰、颜色、材质随性所用，但不能越过等级范畴内最高使用准则，也就是说着便服其颜色、纹饰可就其下（自身官阶等级以下），但不可越其自身阶品。

便袍是便服的主要形制，与常袍形制虽同，但便袍没有马蹄袖说明它非礼服所用。在清官服中，马蹄袖是礼制的象征，凡有马蹄袖的品类等级自然高于平袖服装。便袍为圆领大襟、裾四开、素色暗花直身袍。这些元素也说明是用于帝后、王公大臣非特别礼规的休闲场合（图 4-23）。

便服除便袍外还有一种短摆褂，即马褂。马褂源于北方游牧民族，形制类似于坐齐的短袖半身行服褂（参见图4-21），与裳配穿成为典型的上衣下裳分属制类型。"国初，惟营兵衣之。至康熙末，富家子为此服者，众以为奇，甚有为俚句嘲之者。雍正时，服者渐众。后则无人不服，游行街市，应接宾客，不烦更衣矣"[4]。可见，祖制短衣褂系不能登大雅之堂者，但又很被时代推崇，也就出现了便服"褂制"。马褂按形制分为对襟马褂、大襟马褂、琵琶襟马褂、卧龙袋（即长袖马褂）。按品级分有黄马褂一类。

对襟马褂又名"得胜褂"，"傅文忠征金川归，喜其便捷，平时常服之，名曰得胜褂"[4]。主流马褂为对襟、平袖，初仅用之于行装。大襟马褂为右衽制式，"俗以右手为大手，因名右襟曰大襟"[4]。平袖是相对于马蹄袖而言，且袖口有以异色作缘。

琵琶襟马褂为大襟的半襟形制，虽不同于缺襟袍，但从形制上看是从缺襟袍演变而来，其功效（骑射）也是相同的，之后作为一种经典样式被固定下来，且主要用在女子马褂中，对襟形制便成为男子马褂的主流（参见图4-48）。卧龙袋即长袖马褂，对襟，窄袖，也用大襟，且此类马褂略长。相传某相国尝随驾北征，其母夫人忧其文弱，不胜风寒，为纫是衣，取其暖而便也（作者注：大襟袖长之优）。相国感母恩，常服之不去身。一日，急诏论事，未遑易衣。帝问所衣何名，因直陈其事。帝褒其孝，命得服以入朝。当时名之阿娘袋，后误为卧龙袋，久之，又称为鹅翎袋矣。❶马褂颜色众多，除黄马褂为御前特赐服用外，一般男子于较正式场合服天青、元青、石青三色马褂。其纹饰男子一般服素色暗纹，多有圆寿纹、蝙蝠纹、仙鹤纹、双喜纹等，女子马褂颜色及纹饰更为丰富。

黄马褂为领侍卫内大臣、御前大臣、护军统领、侍卫班领所服。《清稗类钞》载，"御前、乾清门大臣、侍卫及文武诸臣，或以大射中候，或以宣劳中外，必特赐之，以示宠异。及粤、捻乱定，文武勋臣得之者甚多矣"[4]。由此可见，黄马褂作为赏赐功勋文武的圣物而象征

---

❶ 该典故来源于清·徐珂《清稗类钞》。

意义大于实际穿着意义（图4-24）。

坎肩是便袍的主要配服。在便服中它与马褂同等重要，既有护身的功用，亦是高贵的表征。满人贵族通常把它作为马褂的替代物，在便袍（长袍）外组合服用，视为贵长尊，这种规制传统被汉人继承下来（参见图4-23右图）。当替换成便袍和坎肩的组合时，这便是休闲的装束，且为满人所特有，说明坎肩规制与马褂同。其形制有对襟、大襟、琵琶襟、人字襟、一字襟五种，且男女通用（参见图4-47）。一字襟又名"巴图鲁坎肩"❶，前身分两片，与领下横开截断，用数个扣襻相连形成一字，故名"一字襟"。人字襟与一字襟相似，从领下正中向两腋裁开，并用扣襻连接形成通襟形制（图4-25）。

戎服。为清皇帝参加军事活动时所穿服饰，主要是检阅军队时穿用的大阅甲和大阅胄。帝王戎服虽与时俱进，但必承旧制已是传统。《考工记》载："函人为甲，权其上旅与其下旅，而重若一"[15]。贾公彦译其上旅为衣，下旅为裳。故大阅甲分甲衣和围裳。《皇朝礼器图式》载皇帝大阅甲形制有二，"其一，明黄缎表，月白里，青倭缎缘，中敷绵，外布金钉。上衣下裳，左右护肩，左右护腋，左右袖，裳间前裆、左裆。裳亦分左右，凡十有一属，皆以明黄绦金铰联缀服之。衣前绣五彩金升龙二，后正龙一，护肩、护腋、前裆、左裆各正龙一。裳幅金线，相比为金幈五重，间以青倭缎，绣行龙各二，四周亦如之。袖以金丝缎，下缘黄缎，绣五采金龙各二。运肘处为方空，纵一寸七分，横二寸一分。袖端月白缎绣金行龙各一，向处各缀明黄绦，约于中指。护肩接衣处月白缎，金线缘，各绣金龙二、行龙六，饰珠二、红宝石一。后横浴铁云叶，镂金行龙一，周镂花文。前悬护心镜，径五寸五分，周镂金花，以金铰四属之。其二，左右袖接衣处属以蓝缎，饰东珠，余制同一"[16]（图4-26）。

现代戎服于清末因西方文化的传入，致使清旧式戎服走向尽头，清

---

❶ 巴图鲁坎肩：释于《清稗类钞》，"京师盛行巴图鲁坎肩儿，各部司员见堂官往往服之，上加缨帽，南方呼为一字襟马甲，例须用皮者，衬于袍套之中。觉暖，即自探手，解上排纽扣，而令仆代解两旁纽扣，曳之而出，藉免更换之劳。后且单夹绵纱一律风行矣。其加两袖者曰鹰膀，则宜于乘马，步行者不能着也"。

纹章规制由此也寿终正寝，预示着冷兵器时代的结束。民国随着军阀混战的洪武复帝的短命，西洋戎服亦昙花一现而迎来废弃纹章旧制的中山装和改良旗袍新时代的到来。

图4-24 嘉庆·明黄色暗团龙江绸里双喜皮黄马褂

图片来源：严勇、房宏俊、殷安妮《清宫服饰图典》，北京：紫禁城出版社，2010.06：258。

图4-25 红色织金牡丹八仙一字襟坎肩

图片来源：宗凤英《清代宫廷服饰》，北京，紫禁城出版社，2004：165。

清·郎世宁画帝王大阅铠甲骑马像[1]

康熙·彩绣云龙纹大阅甲胄[2]

图4-26 帝王戎服

[1] **图片来源：**万依、王树卿、陆燕贞《清代宫廷生活》，香港：商务印书馆，2014：82。
[2] **图片来源：**黄能馥、陈娟娟、黄钢《服饰中华：中华服饰七千年》，北京：清华大学出版社，2013：521。

三、皇子、王公百官官服规制

清皇子和王公百官服饰与帝王的分类大致相同，即礼服、吉服、常服、行服、雨服、便服六大类。只是在形制、纹章和用料的细节上加以区别，总的原则是无论形制还是纹章越接近皇帝的级别就越繁复，元素越复杂、仪规越严苛。皇亲国戚和文武百官同样以此区分。如十二章随官品阶品逐下而递减等，这在清礼制法典中亦有记载。

（一）礼服

皇子及王公百官礼服即朝服，随皇帝参加朝会或祭祀时服用，有朝冠、端罩、朝褂（或龙褂）、朝袍、朝珠、朝带、朝靴等。

端罩形制与皇帝同，皆为对襟、圆领、平袖，长至膝下的裘皮外褂。除文中上述依据地位等级所服裘皮材质不同外，里料颜色亦不相同。皇太子端罩"黑狐为之，杏黄缎里"[16]，皇子端罩"紫貂为之，金黄缎里"[16]，亲王下至贝子、固伦额驸端罩"青狐为之，月白缎里"[16]，非皇亲国戚者，如曾赐予青狐、金黄缎里端罩者可以服用。镇国公、辅国公、和硕额驸端罩"紫貂为之，月白缎里"[16]，民公、侯以下至文三品、武二品及县主额驸、辅国将军以上、京堂翰詹、科道等官其端罩"以貂皮为之，蓝缎里"[16]，一等侍卫端罩"猞猁狲为之，间以貂皮，月白缎里"[16]，二等侍卫端罩"红豹皮为之，素红缎里"[16]，三等侍卫及蓝翎侍卫端罩"黄狐皮为之，月白缎里"。可见皇戚和非皇戚官员除端罩材质有所区别外，其所用衬里也是区分等级身份的重要内容（图4-27）。

朝褂服于朝袍外，皇太子、皇子称为龙褂，皇孙、皇曾孙至王公文

清古典袍服结构与
纹章规制研究

亲王端罩①

清亲王着端罩像②

图4-27　清亲王端罩

① 图片来源：清·允禄、蒋溥，等撰《皇朝礼器图式》，江苏：广陵书社，2004.01：127。
② 图片来源：刘北汜、徐启宪《故宫珍藏人物照片荟萃》，北京：紫禁城出版社，1995：255。

武百官等谓之补服。形制与皇帝衮服同，皆为圆领、对襟、平袖、衣长至膝的直身袍，且通用石青色。以纹章形制区分亲疏等级，即规界纹章数量和章纹内容。首先，最为明显的是皇亲宗室成员用圆形补子，民公文武百官用方形补子，故圆补等级高于方补。其次，圆补中补子数量越多等级越高，在宗室男子补服（或龙褂）中有四团、两团补之分。《清会典》载皇子"龙褂，绣五爪正面金龙四团，两肩前后各一，间以五色云"[2]；亲王"补服，绣五爪金龙四团，前后正龙，两肩行龙"[2]，亲王世子同；郡王"补服，绣五爪行龙四团"[2]。皇孙、皇曾孙、贝勒、贝子、固伦额驸服两团以蟒为章，皇孙、皇曾孙、贝勒"补服，前后绣正蟒各一团"[2]；贝子、固伦额驸"补服，前后绣行蟒各一团"[2]。由此可见，四团补等级高于两团补服（图4-28）。且龙纹等级高于蟒纹，正龙高于行龙，正蟒高于行蟒。余下为方补，皇元孙、镇国公、辅国公、和硕额驸、民公侯以上补服为四爪蟒纹方补。文武百官以飞禽走兽为章纹宣示官阶（参见图4-2）。

清官员朝袍形制与皇帝同，但皇子至民公、文武四品皆为二式，分

四团补朝褂　　　　　　　　两团圆补朝褂　　　　　　　　方补朝褂

图 4-28　清皇子、亲王、贝勒至文武百官朝褂形制

图片来源：清·允禄、蒋溥，等撰《皇朝礼器图式》，江苏：广陵书社，2004．01：127、135、165。

冬、夏两季；五品至八九品及未入流官员唯有一式，用颜色、章纹区分等级。皇太子为杏黄色，皇子用金黄色，皇孙等俱不能用金黄，亲王以下至文武百官皆用蓝及石青诸色（图 4-29）。

《清会典》载，皇子"朝服制式有二。其一，披领及袖皆石青，冬用片金加海龙缘，夏用片金缘，绣文，两肩前后正龙各一，腰帷行龙四，裳行龙八，披领行龙二，袖端正龙各一，中有襞积，下幅八宝平水。其二，披领及裳皆表以紫貂，袖端薰貂，绣文，两肩前后正龙各一，襞积行龙六，间以五色云"[2]，于材质，夏季缎、纱、单、袷各惟其时，形制不变。皇孙、皇曾孙、亲王、亲王世子、郡王等除服色不同，余制同皇子。贝勒、贝子、固伦额驸、镇国公、辅国公和硕额驸朝袍章纹用四爪蟒纹，余制与皇子同。民公、侯以下、四品以上、一等侍卫朝袍形制有二。"其一，披领及袖俱石青，两肩前后正蟒各一，腰帷行蟒四，中有襞积。其二，两肩前后正蟒各一，襞积行蟒四"[16]。二等侍卫"朝服，剪绒缘，色用石青，通身云缎，前后方襕行蟒各一，腰帷行蟒四，中有襞积。领、袖石青妆缎，冬夏皆用"[16]。五品至七品朝服"片金缘，色用石青，通身云缎，前后方襕行蟒各一，中有襞积，领、袖石青妆缎，冬夏皆用"[16]。三等侍卫朝袍形制同。八品、九品及未入流官员朝袍"色用石青，云缎，无蟒，领、袖俱青倭缎，中有襞积，冬夏皆用之"[16]。

清官员朝袍形制与帝王相同，均为上衣下裳连属制，这显然是继承了先秦上衣下裳深衣连属制的传统，同时几千年男尊女卑儒家的宗族礼法，到了清代"连属制式"成为区别女子朝袍通身制式的标签。其意与三纲五常的强化皇权、夫权有关。皇帝朝袍"盖取诸乾（天）坤（地）"同在，取自汉文化的"观象制物"，亦有"观象制服"之意。然其里襟的褒囊设置源于

　清古典袍服结构与纹章规制研究

康熙·海龙裘皮冬朝袍①　　　　　　　　康熙·蓝地云龙纹花缎冬朝袍②

光绪·明黄缎地刺绣金龙十二章朝袍③　　　大臣·石青妆花缎云龙纹片金边朝袍④

图4-29　皇帝和大臣冬、夏朝袍对比

①②③**图片来源**：黄能馥、陈娟娟、黄钢《服饰中华：中华服饰七千年》，北京：清华大学出版社，
　　2013：422-429。
④**标本来源**：北京服装学院民族服饰博物馆藏品，石青妆花缎云龙纹片金边朝袍。

图4-30 清代帝后朝袍对比

图片来源：黄能馥、陈娟娟、黄钢《服饰中华：中华服饰七千年》，北京：清华大学出版社，2013：420-466。

《方言》❶载，"禅衣，有裹者，赵、魏之间谓之袡衣"[17]。西晋郭璞将其释义为"前施裹囊也"。后清钱绎于《方言笺疏》中译为衣前襟谓之裹。"前施裹囊"者，谓右外衿，即"襟"。故清代里襟源于汉文化的"裹"，正所谓古礼服必有裹，惟亵衣（内衣）无裹，即外尊内卑。而于男子朝袍的镶边同样出于汉文化，古者深衣以布为料，用绸镶边，谓之纯。《方言》载"无缘之衣谓之褴""以布而无缘，敝而紩之，谓之褴褛"[17]，褴指无缘饰的破旧短衣，郭璞注解"弊衣，亦谓褴褛"。可见，清代统治者在服饰制度的规则设立上吸取了大量汉文化的精髓，以此形制礼法寓皇权为之巩固江山社稷，寓夫权为之维系宗族体统（图4-30）。然这种形制在朝袍以下也被逐渐削减。

---

❶ 《辑轩使者绝代语释别国方言》，简称《方言》，西汉扬雄撰，是汉代训诂学的重要工具书，也是中国第一部汉语方言比较词汇集。其同《尔雅》《说文解字》构成了我国古代最著名的辞书系统。

（二）吉服

皇子、王公百官吉服与帝王吉服相比，在形制上基本相同，主要在纹章、颜色和材质上加以规界，故由吉服冠、端罩、吉服褂（龙褂或补褂）、吉服袍（蟒袍）、吉服带、吉服珠等组成，其中端罩形制同礼服。吉服褂除皇孙辈另有形制外，其余皆同礼服。《清会典》载皇孙"吉服褂，用圆寿字双螭补，前后两团"[2]，皇曾孙"吉服褂，用圆寿字宝相花补，前后两团"[2]，皇元孙"吉服用织金瓜瓞褂"[2]。

帝王以下的吉服袍即通常所称的蟒袍，《清会典》规定除帝后、皇太子所服吉服袍称之为龙袍外，其余人等均为蟒袍，说明"龙"和"蟒"的等级性是有法条仪规的。"蟒袍"一词源于明代，《万历野获编》❶载，"蟒衣为象龙之服，与至尊所御袍相肖，但减一爪耳。正统初，始以赏虏酋。其赐司礼大珰，始于太祖时之刚丙，后王振、汪直诸阉继之。宏治癸亥二月，孝宗久违豫，大安时，内阁为刘健、李东阳、谢迁，俱拜大红蟒衣之赐，辅弼得蟒衣始此。"[18]。故该记载便证实了清吉服蟒袍为承袭明服遗制的推断是可靠的。

清吉服蟒袍，又名"花衣"。《清稗类钞》载，"凡有庆典，百官皆蟒服，于此时日之内，谓之花衣期"[4]。由此可见，吉服可谓清官员职场的制服。"花衣期"的花是指"凡有庆典"，在清代凡公议必有仪式，所谓"花衣期"就是公议期，其标准服饰就是吉服。蟒袍按开衩数量、颜色及章纹划分等级，其中宗室即贝勒、贝子至辅国公以上者皆为四开裾，民公至文武百官裾皆两开，可见开裾数越多等级越高。其次按颜色分，皇太子龙袍服杏黄色；皇子蟒袍用金黄色；皇孙以下皆用蓝酱色；王公百官蓝及石青诸色随所用，金黄蟒袍诸王则非特赐者不能服用。皇子、亲王蟒袍除颜色不一外，余形制皆同。《清会典》载，皇子"蟒袍，色用金黄，片金缘，通绣九蟒，裾四开"[2]。郡王以下至民

---

❶ 《万历野获编》：明代沈德符撰。该书为明人笔记，记述起于明初，迄于万历末年。内容包括明代典章制度、人物事件，典故遗闻、统治阶级内部纷争、民族关系、对外关系、山川风物、经史子集、工艺技术、释道宗教、神仙鬼怪等诸多方面，可称明代百科全书，尤详尽记载明朝典章制度和典故遗闻。

棕色盘金绣云纹蟒袍

灰蓝织金缂丝云纹蟒袍

图 4-31　皇子、大臣蟒袍对比

标本来源： 北京服装学院民族服饰博物馆藏品，棕色盘金绣云纹蟒袍、灰蓝织金缂丝云纹蟒袍。

公、文武三品以上均服九蟒四爪，文武四品至六品服八蟒四爪，七品至未入流服五蟒四爪[4]。说明蟒纹数量越多等级越高，而与蟒纹爪数并无关联，学术界虽普遍认证，但由于清末留存实物中多为五爪蟒袍，故不能以蟒纹爪数判断等级。但从现存清末《清稗类钞》《清会典》等文献来看，其承袭了《皇朝礼器图式》该类清中期典籍中的服饰规制，皆有四爪蟒纹的记载，故该问题尚需大量实物考证与文献比对方可定论，或因后朝未及时修典、晚清官制失尊、混乱等原因所致（图4-31）。

（三）常服、行服

常服在清官服规制中为准礼服，形制与皇帝同，皆由常服冠、常服带、常服褂、常服袍等组成，为斋戒期内遇先皇牌位忌辰或平日穿着而制，其有礼服性质但非礼服。常服褂、常服袍形制未见文字记载，乃非有大礼所致，但从现存实物观察其与皇帝同，皆用素色暗花，唯颜色、暗章纹有别。常服褂颜色多为石青，常服袍依礼服、吉服之规不能越矩，不可超出本应服用的最高颜色等级。章纹按《清会典》规定"衣服织文，亲王郡王贝勒用龙文，贝子以下宗室各将军，民公以下四品以上，及御前侍从官得用蟒文。七品以上官用诸花缯。八九品官用杂花及素缯"[2]。这里"织文"指衣料织造过程中的缎纹图案，非制衣过程中的刺绣章纹。从这个意义上讲，常服与吉服、礼服相比完全没有纹章显现。这也说明常服已经脱离了礼服的范畴，因为它不具备真正意义上的纹章元素（两团到九团），也就不受纹章规范的制约（图4-32）。

图片来源：黄能馥、陈娟娟、黄钢《服饰中华：中华服饰七千年》，北京：清华大学出版社，2013：451。

图4-32 清宫廷男子常服

王公文武百官的行服由行服冠、行褂、行袍、行裳、行带等组成，其形制与皇帝同，唯颜色、织纹不同。行褂除上文所述王公百官颜色与皇帝同为石青色外，领侍卫内大臣、御前大臣、侍卫班领、护军统领、健锐营翼长服明黄色，八旗副都统、正黄旗色用金黄，正白旗、正蓝旗、正红旗各如旗色。除副都统、护军参领、火器营官服金黄色外，其余均服旗色。镶黄旗、镶白旗、镶蓝旗缘边用红色，镶红旗缘边用白色。火器营兵蓝色镶白缘，健锐营前锋参领明黄色蓝缘，健锐营兵蓝色明黄缘，豹尾班侍卫色用明黄、无袖、前用双带系结，虎枪营总统、总领色用金黄，虎枪营虎枪校用红色，虎枪营兵用白色，其余皆用石青[2]。然行袍上至亲王下至庶官、扈行为缺襟袍，"其制如常服袍，长减十之一，右裾短一尺。色随所用，棉、袷、纱、裘各惟其时"[16]。"行裳蓝及诸色随所用，左右各一，前平，后中丰，上下敛，并属横幅。毡、袷各惟其时。冬以皮为表"[16]，其裘皮以礼服、吉服为准则不得越矩。可见行服形制总体短，袍者右裾短，搭配为上衣下裳分属制作骑乘出行用服（图4-33）。

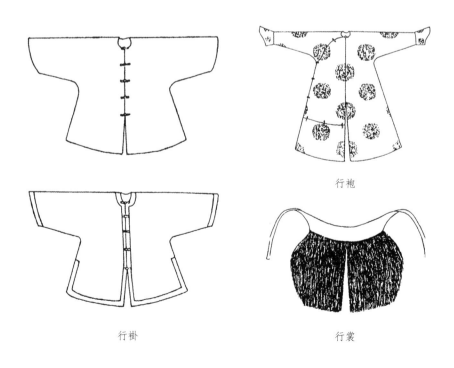

行袍

行褂

行裳

图片来源：清·允禄、蒋溥，等撰《皇朝礼器图式》，江苏：广陵书社，2004.01：634-641。

图4-33 官制行服组配

清古典袍服结构与纹章规制研究

（四）雨服、戎服、便服

皇子、王公百官雨服有雨冠、雨衣、雨裳等组成。皇子至宗室、民公、公侯伯子、文武百官等雨衣形制有二，《清会典》载，"其一，如常服袍而袖端平。其二，如常服褂而加领，长与坐齐，皆前施掩裆"[2]（作者注：指凡雨袍前皆有掩裆，见图4-34雨袍线稿图）。材质上毡、羽纱、油绸各为时用，宗室以上皆服红色，民公百官用青色。雨裳前片色同雨衣，且为完整补服，腰为横幅，色用石青[16]。雨服总体形制可谓行服的雨衣规制无章纹可用（图4-34）。

戎服，除皇帝为两种形制，其余皆为一式。宗室饰以龙纹，民公百官用蟒纹。其他以面料和里料的材质、颜色区分等级。皇帝随侍甲以石青缎为表，加缘边，月白绸作里，绣金龙九，环以花纹，护肩后横石青缎云叶，亦绣金龙，裳幅各绣金升龙一，并用横幅系之，裳后中丰，上下敛。不悬护心镜，余制同皇帝大阅甲一。亲王至郡王等以石青锁子锦为表，月白绸为里，中敷铁镍，外布金钉，青倭缎缘边，裳幅铁镍四重，护肩接衣处铁镍十有四，周以镕金云龙，饰珊瑚、绿松石、青金石各一，前悬护心镜，甲绦金黄色[16]。贝勒、贝子、固伦额驸等甲绦

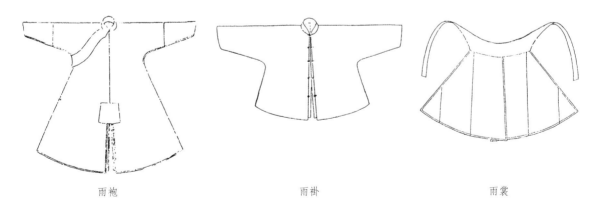

雨袍　　　　　　　　　　雨褂　　　　　　　　　　雨裳

图4-34　皇子、王公百官雨服组配

图片来源：清·允禄、蒋溥，等撰《皇朝礼器图式》，江苏：广陵书社，2004.01:236-267。

为石青色，余制同亲王。职官甲一❶以石青缎作表，蓝布为里，中敷铁镍，外布银钉，石青倭缎作缘边，前后及护肩、护腋、前裆、左裆各绣团蟒一，裳幅团蟒二，护肩接衣处铁镍二十，髹漆❷，镂金龙。职官甲二❸前后及护肩各绣团蟒一，裳幅团蟒二，余制皆同职官甲一。职官甲三❹前后及护肩各绣团蟒一，裳幅铁镍四重，护肩接衣处镂❺银云龙，余制同职官甲一[16]（图4-35）。

以上铠甲皆为王公百官之服，多用于阅兵。除此之外，清代士兵铠甲亦有规制，分铠甲和棉甲两制。前锋校甲及护军校甲以白缎为表，素里，无袖，中敷铁镍，外布黄铜钉，红片金及石青布缘二重，前后绣蟒各一，通绣莲花，裳幅铁镍三重。骁骑校甲以缎为表，各色从旗色，余制同前锋校甲。前锋、护军、绿营兵甲以青布为表，月白缎作里，缘如表色，不施采绣，余制同前锋校甲。骁骑甲表以布，各从旗色，缘亦如之，余制同前锋校甲。护军校棉甲定制于乾隆二十一年，其以白缎为表，蓝绸作里，缘如表色，中敷棉，外布黄铜钉。骁骑校棉甲以石青缎作表，余制同护军校棉甲。前锋棉甲以石青绸作表，蓝布为里，外布白铜钉，余制同护军校棉甲。骁骑棉甲以绸为表，各如旗色，蓝布作里，中敷棉，外布白铜钉[16]（图4-36）。可见，不论戎服还是铠甲纹章规制皆与军队的"番制"（古代军服制式和番号制度）联系密切。

此外，还有一类特殊铠甲，名锁子甲，以铁炼之，上衫下裤皆为铁，以连环相属，衫补开襟，白布作缘领，类贯首衣形制。《皇朝礼器图式》载，"乾隆二十四年，平定西域，俘获军器无算，上命皆藏紫光阁……西师深入，屡得兹甲，即被以击贼。殊方异制，克底肤功，敬登于册，以附甲胄之末"[16]（图4-37）。

清官员便服包括便袍、马褂、坎肩、套裤、便鞋、瓜皮帽等，为日常生活所用。其形制与上文所述皇帝便服同，但其在用料、用色、织纹上有一定限制。除明黄、金黄、杏黄色外其余颜色皆可用。

---

❶ 服职官甲一人员包括：领侍卫内大臣、八旗都统、副都统、前锋统领、护军统领、直省总督、提督、巡抚、和硕额驸、郡主额驸、公侯伯子男至文武一品、二品、镇国将军、辅国将军、奉国将军、奉恩将军、县主额驸、直省总兵皆。
❷ 髹（音修）：中国古代将以漆漆物称之为"髹"。髹漆：即以漆涂刷于各种胎骨制成的器物上。如《周礼·春官·巾车》言："驵车、草蔽、然、髹饰"。
❸ 服职官甲二人员包括：文三品以下、骁骑参领、郡君额驸、县君额驸、乡君额驸、直省副将以下。
❹ 服职官甲三人员包括：侍卫、銮仪卫所属官、前锋参领、护军参领、前锋侍卫、护军侍卫、王府长史、护卫、典仪。
❺ 镂（音望）：同"錽"，马头上的装饰，多为兽面形。

图 4-35　清职官戎服

图片来源：清·允禄、蒋溥，等撰《皇朝礼器图式》，江苏：广陵书社，2004. 01：614-620。

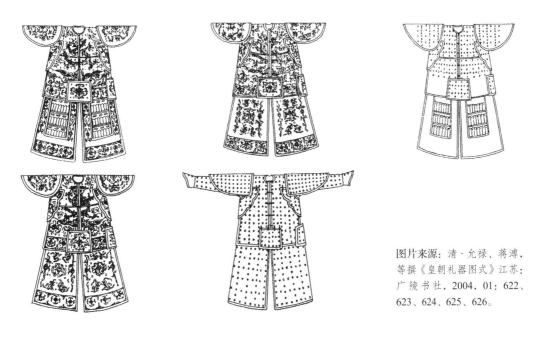

图片来源：清·允禄、蒋溥，等撰《皇朝礼器图式》江苏：广陵书社，2004，01：622、623、624、625、626。

图 4-36　清士兵铠甲

图片来源：清·允禄、蒋溥，等撰《皇朝礼器图式》，江苏：广陵书社，2004，01：632。

图 4-37　锁子甲

四、清女子官服规制

清女子官服规制主要体现在后妃、官员家眷和贵族妇女服饰中，依据君权和不同场合，分为朝服、吉服、常服、便服。根据尊卑传统，女子礼服规制限制使用"上衣下裳"形制。

（一）朝服

清女子朝服由朝服冠、朝褂、朝袍、朝裙等组成，是朝会或祭祀时所穿用的礼服。上有皇太后、皇后下至七品命妇皆有此服。其依据不同品级，颜色、纹饰、形制有所不同。

朝褂从外至内，先是褂。《清稗类钞》载，"褂，外衣也。礼服之加于袍外者，谓之外褂。男女皆同此名称，惟制式不同耳"[4]，清宫廷女子朝褂为参加朝会或祭祀时套于朝袍外面的礼褂。其形制圆领、对襟、无袖、裾后开，衣长及踝，皆为石青色片金缘。按形制分，皇太后、皇后至嫔妃有三制式，皆与皇后同。《清会典》载皇后朝褂皆为石青色，"其一，前后绣立龙各二，下通襞积，四层相间，上为正龙各四，下为

图 4-38　清后妃朝褂形制

图片来源：黄能馥、陈娟娟、黄钢《服饰中华：中华服饰七千年》，北京：清华大学出版社，2013：459-641。

万福万寿。其二，前后绣正龙各一，腰帷行龙四，中有襞积，下幅行龙八。其三，前后绣立龙各二，中无襞积，下幅八宝平水"[2]。其余人等唯有一式，各级福晋皆为纹章前四后三式，民公夫人至七品命妇纹章为前二后一式（图 4-38）。然其按不同品级所用章纹内容不同，皇太后至皇子福晋、固伦公主至县（縣）主、亲王福晋至郡王福晋章纹皆为龙纹，妃用夔龙纹，皇孙福晋至皇元孙福晋、郡君、县君、贝勒夫人至辅国公夫人皆用蟒纹，镇国公女、辅国公女、民公夫人至七品命妇为花卉纹[2]。

　　清承汉制礼法传统，作为重要礼服一定组配出现，故无论男女，朝袍与朝褂同时服用才称其为朝服，皆为朝会或祭祀时穿着的礼服。朝袍按其形制、章纹内容、颜色所属级别不尽相同。皇太后、皇后至嫔和皇太子妃朝袍形制分冬、夏两季各有三制，皆为明黄色。冬朝袍"其一，披领及袖俱石青，绣金龙九，间以五色云，中无襞积，下幅八宝平水，披领行龙二，袖端正龙各一，袖相接处行龙各二，缘用片金加貂，肩上下袭朝褂处亦加缘。其二，裾后开，片金加海龙缘，中无襞积，余制同。其三，披领及袖俱石青，片金加海龙缘，肩上下袭朝褂处亦加缘，

乾隆·明黄色缎绣云龙金版嵌珠石银鼠皮朝袍组配　　　　嘉庆·明黄色纱绣彩云金龙纹女夹朝袍组配

图 4-39　皇后朝袍冬、夏形制对比

图片来源：严勇、房宏俊、殷安妮《清宫服饰图典》，北京：紫禁城出版社，2010，06：43-51。

前后绣正龙各一，两肩行龙各一，腰帷行龙四，中有襞积，下幅行龙八[2]。夏朝袍分有无襞积两式，缎、纱、单、袷各惟其时，余制同冬朝袍（图 4-39）。皇子福晋至郡王福晋及县主、贝勒夫人至辅国公夫人及乡君、民公夫人至三品命妇朝袍均分冬、夏二制，四品以下命妇只有一式。《清会典》载，皇子福晋"朝袍，披领及袖皆石青色，冬用片金加海龙缘，夏用片金缘，肩上下袭朝褂处亦加缘，绣文，前后正龙各一，两肩行龙各一，襟行龙四，披领行龙二，袖端正龙各一，袖相接处行龙各二，裾后开"[2]，三品命妇朝袍形制皆同皇子福晋。《皇朝礼器图式》载，四品至七品命妇朝袍形制同"披领及袖俱石青，片金缘，绣文，前后行蟒各二，中无襞积"[16]。

　　为细分后妃、福晋、公主及命妇朝服品级，《清会典》规定以章纹内容及颜色规界。其中章纹内容的使用同朝褂，颜色具不相同。皇太后、皇后用明黄色五爪龙纹，贵妃、妃用金黄色五爪龙纹，嫔用香色无绣纹，皇太子妃用杏黄色五爪龙纹，皇子福晋、固伦公主、和硕公主、

图4-40　清冬式朝裙

图片来源：黄能馥、陈娟娟、黄钢《服饰中华：中华服饰七千年》，北京：清华大学出版社，2013：486。

郡主、县主、亲王福晋至郡王福晋均用香色五爪龙纹，皇孙福晋、皇曾孙福晋、皇元孙福晋蓝与石青诸色随用配五爪蟒纹，郡君、县君、贝勒夫人至辅国公夫人蓝与石青诸色随用配四爪蟒纹，镇国公女、辅国公女、民公夫人至七品命妇蓝与石青诸色随用配花卉纹。其奉章制为圭臬，不可僭越，女子尤甚。

朝裙为朝服组配之一，与朝袍、朝褂同时穿用合称为朝服，《清稗类钞》载，"朝裙，礼服也，着于外褂之内，开衩袍之外，朝贺、祭祀用之"[4]。朝裙为上衣下裳连属制，在腰间打褶，裙长至脚踝。其形制皇太后、皇后至妃嫔、公主、各级福晋、夫人至三品命妇皆有冬、夏二式可选，四品至七品命妇朝裙唯有冬用一式。《清会典》载，皇后"朝裙，冬片金加海龙缘，上用红织金寿字缎，下用石青行龙妆缎；夏用片金缘，缎纱惟时，皆正幅，有襞积"[2]。皇贵妃至嫔形制皆与皇后同。皇子福晋至辅国公夫人及乡君除上用红缎无织金寿字纹外，其余形制同。民公夫人至三品命妇朝裙形制冬用片金加海龙缘，上用红缎，下用石青行蟒妆缎，皆正幅，有襞积。四品命妇以下朝裙为片金缘，上用绿缎，下用石青行蟒妆缎，皆正幅，有襞积（图4-40）。

清廷女子朝服与男子最大的不同在于，无论朝褂还是朝袍均用"通身制"，朝裙虽为上衣下裳连属制，但夹于两者之间，外观上呈"通袍"释儒卑。皇室男子朝服是以朝袍示人，呈上衣下裳连属制，释宗主男富可掌乾坤之志（参见图4-29、图4-30）。

（二）吉服

吉服是清后妃、公主至命妇举行筵燕（宴）、迎銮、冬至、元旦等嘉礼和吉礼时所服用的冠服，故亦称盛服。由吉服冠、吉服褂、吉服袍、吉服带、吉服朝珠等组成。

吉服褂为套穿于吉服袍外或单穿的圆领、对襟、平袖、石青色直身礼褂，皇太后至嫔妃称龙褂，皇子福晋至七品命妇称吉服褂，即补褂。按章纹内容、数量，等级有所不同，皇太后、皇后至妃、皇太子妃吉服褂形制有二，嫔以下至七品命妇唯有一式。《清会典》载，皇后"龙褂，其一，绣五爪金龙八团，两肩前后正龙各一，襟行龙四，下幅八宝立水，袖端行龙各二。其二，袖端及下幅不施章采，余制同"[2]。此外于材质上，春秋用棉、袷，夏用纱，冬用裘皮，四季各为其用。嫔龙褂绣纹两肩前后正龙各一，襟襞龙四，袖端及下幅不施章采。皇子福晋吉服褂绣五爪正龙四团，前后两肩各一。亲王福晋、世子福晋、公主吉服褂绣五爪金龙四团，前后正龙，两肩行龙。郡王福晋、县主吉服褂绣五爪行龙四团，前后两肩各一。贝勒夫人、郡君吉服褂前后绣四爪正蟒各一团。贝子夫人、县君吉服褂前后绣四爪行蟒各一团。镇国公夫人、辅国公夫人、民公夫人下至七品命妇绣花八团。可见，清宫女子吉服褂主要按团纹数量、内容、章纹形态划分等级。然宗室以外人员虽又回归八团但不再以龙为章。宗室及外员按等级其章纹使用依次为八团五爪正、行龙各四；四团五爪正龙；四团五爪正、行龙各二；四团五爪行龙；两团四爪蟒；八团花卉纹排列（图4-41）。

吉服袍与吉服褂等级相同，可配套穿用亦可单穿。圆领（或立领）、右衽大襟、马蹄袖、裾左右开、上下直身袍，且有中接袖，即"接章"，该特点是区分男女吉服袍的标志（参见图4-15）。同样在吉服袍中，皇太后、皇后至妃嫔、皇太子妃吉服袍称之为龙袍，皇子福晋下至郡王福晋、贝勒夫人至辅国公夫人、民公夫人至七品命妇皆称为蟒袍，形制唯有一式。依据章纹内容、颜色的不同细分亲疏等级。皇太后、皇后、皇贵妃龙袍色用明黄，领袖皆石青，形制有三："其一，绣金龙九，间以五色云，福寿文采为宜，下幅八宝立水，领前后正龙

石青缎五彩绣八团福海吉服褂① 康熙·石青色八团龙穿寿字有水女夹褂② 乾隆·石青色缎缀绣八团喜相逢夹褂③

图 4-41 清后妃吉服褂形制

① 标本来源：北京服装学院民族服饰博物馆藏品，石青缎五彩绣八团福海吉服褂。
②③ 图片来源：严勇、房宏俊《天朝衣冠》，北京：紫禁城出版社，2008：62、68。

乾隆·香色缎地刺绣金龙彩云蝙蝠海 康熙·明黄色八团云龙寿字妆花缎夹龙袍② 顺治·明黄色八团云龙妆花纱单龙袍③
水江崖纹龙袍①

图 4-42 清后妃吉服袍三种形制

① 图片来源：黄能馥、陈娟娟、黄钢《服饰中华：中华服饰七千年》，北京：清华大学出版社，2013：478。
②③ 图片来源：严勇、房宏俊《天朝衣冠》，北京：紫禁城出版社，2008：64、58。

各一，左右及交襟处行龙各一。其二，绣五爪金龙八团，两肩前后正龙各一，襟行龙四，余制同。其三，下幅不施章采，余制同"[2]（图4-42）。贵妃、妃龙袍色用金黄，余制与皇后同。嫔龙袍用香色，余制同。皇太子妃龙袍色用杏黄，余制同[16]。皇子福晋下至郡王福晋、县主蟒袍用香色，通绣九龙。其中皇孙福晋、皇曾孙福晋、皇元孙福晋红绿颜色各随其用，惟不准用金黄香色。贝勒夫人至辅国公夫人、郡君、辅国公女蟒袍蓝及石青诸色随用，通绣九蟒。民公夫人至三品命妇蓝及石青诸色随用，通绣九蟒，皆四爪[16]。四品至五品、六品命妇蓝及石青诸色随用，通绣八蟒，皆四爪[16]。可见清宫女子吉服袍，其品级由高到低依次根据衣服颜色、章纹数量、章纹内容细分等级，且等级越高衣服形制越繁复，但不超过三种。

《皇朝礼器图式》载吉服袍棉、袷、纱、裘各为其时，故不同品级对应不同形制袍服且各有四种材质。此外，区分男、女吉服袍除袖中间有"接章"外，男子龙袍皆为四开裾（蟒袍除外），女子龙袍皆为左右两开。乾隆后，男子龙袍皆为九章形制❶，女子龙袍八章、九章形制共存。

此外，康熙后八旗子弟的骑射习俗渐被丢落，且因高宗皇帝青睐汉文化，常于宫内穿着汉服，悉从君便，满汉共治渐成"全民体制"。《清稗类钞》载，"高宗在宫，尝屡衣汉服，欲竟易之。一日，冕旒袍服，召所亲近曰：'朕似汉人否?'一老臣独对曰：'皇上于汉诚似矣，而于满则非也。'乃止"[4]。然而，康熙作为清首度盛世的统治者对汉文化的钟爱，并非权宜之计，而谋远治之策以汉颜身体力行难免产生"上行下效"之举。在官职上不仅大量使用汉臣，官服章制汉满等级势弱，此现象与旗人女子服饰仿效汉服最为强烈，从而带来了康乾盛世。成也萧何败也萧何，清中后期国衰，统治者亦归咎于汉文化，鉴于北魏之崇效汉俗致使国势乏力，以致嘉庆、道光等帝不得不多次下令禁汉俗。嘉庆九年谕："此次挑选秀女，衣袖宽大，竟如汉人装饰，竞尚奢华，所系甚重，着交该旗严行晓示禁止"。道光十九年又降旨："朕因近来旗人妇女不遵定制，衣袖宽大，竟如汉人装饰。上年曾经特降谕旨，令八旗都统、副都统等严饬该管按户晓谕，随时详查。如有衣袖宽大，及如汉人缠足者，将家长指名参奏，照违制例治罪"。反观这种社会现象，汉文化对满族上层阶级影响是不可逆转的，因为先进文化总要取代落后文化，女子服饰由入关时的合体小袖逐渐变为宽袍大袖，到了清末此风愈甚，甚至出现"大半旗装改汉装，宫袍截作短衣裳"的状况。旗袍便成为将清王朝送进历史的那根稻草。

---

❶ 顺治时期男子龙袍也曾有八章（八团）形制出现，说明规章未定。

（三）常服、便服

清后妃常服所用场合与帝王常服同，多用于经筵大典、丧期内的吉庆节日，为表崇敬虔诚特制为素色暗花衣服。其既有礼服的意义，又兼具吉服的作用，因此是礼服吉服外唯一可佩戴朝珠的服装，属帝后服饰中极为特殊的一类。除用于重大典礼庄重场合外，也可用于平日穿着。

后妃常服由常服冠、常服带、常服褂、常服袍等组成。《清会典》《皇朝礼器图式》等典籍并未对后妃常服有相关记载，但依据已发表的画像文献判断，清后妃确有常服品类的存在❶。且依据其形制与帝王常服判断别无二致，故其等级区分应取于颜色和暗花纹，品级最高的皇太后、皇后服色随所用，贵妃以下女子可服其等级以下所有颜色，但不能越过自身可服用颜色的最高等级。因此，常服的用色和暗花纹的使用原则为就其下、不可越其上（图4-43）。

图片来源：黄能馥、陈娟娟、黄钢《服饰中华：中华服饰七千年》，北京：清华大学出版社，2013：485。

图4-43　清宫廷女子素色暗花常服

---

❶ 宗凤英《清代宫廷服饰》，北京：紫禁城出版社，2004：187。载"孝庄文皇后便服像"，但从画像看其服用袍服上有马蹄袖，而马蹄袖为清宫廷服饰礼仪的象征，且常服与便服的区别就在于是否有马蹄袖，故判断该件应为常服而非便服。

清帝后便服属非礼服的燕居服制，因此均未载于典章中。清女子便服与特定形制的礼服、吉服不同，便服代表了宫廷及贵族妇女的衣着时尚。从清军入关始，便服就已经存在于女子服饰中，且随着政治、经济，特别是织造业的发展使清女子便服不停变换着流行样式，其中女子便服有衬衣、氅衣、坎肩、马褂四个品类。这就是学术界主流观点认为的清末民初"改良旗袍"形成前的面貌，即"前旗袍"时期，也是非纹章可用的典型服饰。

衬衣，即为里衣。《东京梦华录》载，"兵士皆小帽，黄绣抹额，黄绣宽衫，青窄衬衫"❶。故"衬衣"二字由此而来。然清代衬衣为搭配外穿袍服的特殊品类，据《清稗类钞》载，"衬衫之用有二。其一，以礼服之开襫袍前后有衩，衬以衫而掩之。其二，凡便服之细毛皮袍，如貂、狐、猞猁者，毛细易损，衬以衫而护之也"[4]。故因清代袍服多开衩，有甚者衩开至腋下，衬衣为蔽体而制成无衩形制，亦可保护毛皮类服装。

衬衣为圆领、右衽大襟、舒袖、无开衩直身袍，男女皆服。然男子衬衣一直延续朴实、素地的风格，用料多为绸、纱、罗。女子衬衣起初与男子同，且花纹多为暗织花，而后因经济的繁盛人们对美的追求不断变化，不仅出现了舒袖、挽袖❷两种形制，衣边也开始使用镶边加滚，多为三道。舒袖形制镶边加于领口、袖口及大襟，挽袖形制镶边除加在领口、袖口、大襟外，底摆同样有镶边。同时出现了缎料甚至缂丝，花纹极为丰富，做工日益精细（图4-44）。

舒袖衬衣主要服于吉服袍、常服袍、行服袍等有开衩的衣服中，或作为居家便服。挽袖衬衣因其为两色短宽袖口，袖头花纹不同，故其装饰效果明显，既可用于宫廷女子平日着装，也可作为外罩单穿或服于坎肩、马褂内。

氅衣出现于清晚期，与挽袖衬衣形制相似，为圆领、右衽大襟、平

---

❶ 《东京梦华录》：宋代孟元老的笔记体散记文，创作于宋钦宗靖康二年（1127年），是一本追述北宋都城东京开封府城市汉族风俗人情的著作。
❷ 舒袖：即为长袖，袖长至腕。挽袖：即半宽袖。

舒袖衬衣①

挽袖衬衣②

图 4-44   清宫廷女子两种形制衬衣

① 图片来源：黄能馥、陈娟娟、黄钢《服饰中华：中华服饰七千年》，北京：清华大学出版社，2013：511。
② 图片来源：严勇、房宏俊《天朝衣冠》，北京：紫禁城出版社，2008：120。

袖挽起❶的直身袍。然其不同在于氅衣为左右两开衩，衩长至腋下，而挽袖衬衣无开衩。民国初年出现的"改良旗袍"正是在晚清衬衣的基础上加入氅衣侧开衩和西方制服的立领杂糅出来的。氅衣镶边较挽袖衬衣新颖、华丽，且于左右开衩上端用不同颜色、花纹的花绦盘成如意头。因此，衬衣主内、氅衣主外，衬衣隐雅、氅衣显彰仍成为今日职场女性的规则。可见便服的装饰性多寡也可视为纹章规制的另一种表现（图 4-45）。

氅衣作为清宫女子便服中礼仪规格最高的服饰，取决于它的装饰性强。关于氅衣如何服用虽未有明文规定，一般遵循一套约定俗成的制式。新婚及未婚女子多用大红、桃红、粉红色；中年妇女多服藕荷色、紫红色、绛色、湖色、月白色、品月色等较暗色氅衣，如已有儿媳，则服深藕荷色、深紫色、绛紫色、品蓝色、茶色、雪灰色；年老或寡妇多

---

❶ 宗凤英《清代宫廷服饰》，北京：紫禁城出版社，2004。其中记载了挽袖的制作方法，即在短宽袖口上加接两层深浅颜色不同而花纹相同的袖头，接好后，将两层袖头从里向外一层层挽出来，这样就形成了深浅颜色不同、花纹相同、层次分明的两层袖头。然后，再在袖头上镶好不同颜色、不同花纹的绦边，即得挽袖。

图 4-45　清宫廷女子挽袖氅衣

图片来源：严勇、房宏俊《天朝衣冠》，北京：紫禁城出版社，2008：118。

图 4-46　清宫廷女子大坎肩

图片来源：严勇、房宏俊、殷安妮《清宫服饰图典》，北京：紫禁城出版社，2010，06：273。

穿深绛色、虾青色、蓝色、宝蓝色、灰色等。然其花纹除龙凤外，依据穿着者的喜好可任意组合使用，较多为花鸟鱼虫类，一般多有吉祥寓意，如葫芦纹配蝴蝶纹意为福禄寿等。因此，便服的纹章使用从礼服、吉服的纹章制度变成了祈福宗族繁荣的标签。因此，从实物考据上否定了"清古典服饰装饰彰显论"的主流观点，只因中华服饰的"纹章规制"从来就没有无缘无故的装饰，即便到清代装饰样式达到顶峰也不例外，它只是给我们提供了一个"现代人思维习惯"的假象而已 ❶。

清代女子坎肩有大坎肩和小坎肩两类。大坎肩是从氅衣去袖演变而来，又名褂襕，圆领、无袖、右衽大襟、左右及后有开衩、衣长至膝下的直身袍，两侧开衩至腋下。领口、袖口、开衩、底摆皆有两道镶边加滚，开衩顶端有用细绦盘成的如意头。坎肩为春秋换季保暖之物穿于袍衫外，该品类只可女子服用（图 4-46）。

---

❶ 对古代事项，用"装饰美"的动机解释，是典型的用现代人思维解释历史现象的"主观功利主义"。艺术史的主流学者认为，解释古代事项，用现代人思维方式诠释的越清楚就越不可靠，换言之，把古代事项的动机解释的越接近艺术就越值得怀疑，因为纯艺术活动只是近现代刚刚发生的事情。

一字襟坎肩①

月白绸绣芙蓉对襟坎肩②

绛色缎琵琶襟坎肩③

图4-47 清宫廷女子小坎肩三种形制

① 图片来源：黄能馥、陈娟娟、黄钢《服饰中华：中华服饰七千年》，北京：清华大学出版社，2013：509。
②③ 图片来源：宗凤英《清代宫廷服饰》，北京：紫禁城出版社，2004：164-166。

小坎肩为大坎肩的短摆形式，又名紧身、马甲、背心、褡护。其形无袖，是衣长至坐齐的短上衣，与男子坎肩同。其中有大襟、对襟、一字襟、琵琶襟、人字襟等，颜色及花纹样式丰富多变，一般穿于氅衣、衬衣外（图4-47）。坎肩即便有形制、颜色和纹饰的不同也并非单纯的时尚、装饰所异，它还渗透着传统礼教仪规，如大坎肩视作礼服坎肩，所以配有"如意头"；小坎肩即便服非礼服可用。因此，小坎肩形制的对襟、一字襟、琵琶襟（源自缺襟袍）等的不同也有礼制的暗示，颜色纹饰的区别就更不能粗暴的解释成时尚、装饰的动机了。

女子马褂由男子骑射服演变而来，标准的马褂形制是对襟、立领、舒袖，两侧后中三开裾。到女服则变为多元组合形式，有对襟、大襟、舒袖、挽袖、圆领、立领等，其元素可任意组合。舒袖马褂一般袖长及腕且口窄，挽袖马褂袖长及肘且宽大。形制以对襟、琵琶襟为主，大襟为辅，同时也有少些一字襟制式，这说明它与小坎肩同样有不胜礼服的规范。女子马褂颜色不同于男子马褂以暗花素色为主，女子马褂多施纹彩，且用宽窄不一的镶边装饰，少则一道多则三四道。其颜色除明黄外，同氅衣相同选择符合年龄身份的颜色服用。然纹饰，女子多用寓意不一的花卉、吉祥的鸟、昆虫类或选用童子等象征喜运捷报的人物，显然这与女子繁族、持家、主内有关。故清代女子便服除明黄色及龙凤纹不能服用外，凡带有规矩转成祈福的吉祥符号纹样皆可用。这也造就了女子便服形制纹饰寓意丰富之貌。由此看来，女子马褂与其说是作为后宫女子的时尚品类于颜色、特别是纹饰的搭配运用极大影响着民间女子的穿衣风尚，不如说是充满满汉联姻的清末王朝将宗族的教化（儒道文化传统）向民间的传播方式，以巩固少数民族统治下的粉饰太平，这也是在晚清大量出现的社会原因之一（图4-48）。

琵琶襟马褂　　　　　　　　　　　　对襟马褂

对襟袭缘马褂　　　　　　　　　　琵琶襟袭缘马褂

图4-48　清宫廷女子马褂

图片来源：严勇、房宏俊《天朝衣冠》，北京：紫禁城出版社，2008：126-132。

参考文献

［1］ 叶梦珠. 阅世编［M］. 上海：上海古籍出版社，1980.

［2］ 清光绪朝石印本影印. 清会典［M］. 北京：中华书局，1991.

［3］ 宋应星. 天工开物译注［M］. 潘吉星，译注. 上海：上海古籍出版社，2007.

［4］ 徐珂. 清稗类钞［M］. 北京：中华书局，2003.

［5］ 黄能馥，陈娟娟，黄钢. 服饰中华：中华服饰七千年［M］. 北京：清华大学出版社，2013.

［6］ 王圻，王思义. 三才图会［M］. 上海：上海古籍出版社，1988.

［7］ 宗凤英. 清代宫廷服饰［M］. 北京：紫禁城出版社，2004.

［8］ 清光绪朝石印本影印. 清会典事例［M］. 北京：中华书局，1991.

［9］ 杨天宇. 周礼译注［M］. 上海：上海古籍出版社，2007.

［10］ 严勇，房宏俊. 天朝衣冠［M］. 北京：紫禁城出版社，2008.

［11］ 杨天宇. 仪礼译注［M］. 上海：上海古籍出版社，2015.

［12］ 任大椿. 深衣释例［M］. 北京：中华书局，2001.

［13］ 沈从文. 中国古代服饰研究［M］. 上海：上海书店出版社，2014.

［14］ 刘昫. 旧唐书［M］. 北京：中华书局，1975.

［15］ 戴震，译注（1935年初版）. 考工记图［M］. 北京：商务印书馆，1935.

［16］ 允禄，蒋溥，等. 皇朝礼器图式［M］. 江苏：广陵书社，2004.

［17］ 戴震. 方言疏证［M］. 台北：台湾中华书局，1966.

［18］ 沈德符. 万历野获编［M］. 北京：中华书局，1980.

第五章

官袍纹章与
十字型平面结构的
"准绳"作用

"颜渊问为邦，子曰：'行夏之时，乘殷之辂，服周之冕，乐则《韶舞》'"（《论语·卫灵公》）。"乘殷之辂，服周之冕"，就是坐殷人的车，穿戴周人的衣冠。而"冕"是指从天子到士大夫的礼帽，这就意味着衣冠有礼服的意思，"礼"又以"纹章"为样规之。《周礼·考工记》载，"青与赤谓之文，赤与白谓之章"[1]。《左传》载，"昭文章，明贵贱"[2]。《尚书·皋陶谟》载，"天命有德，五服五章哉！"故此承载着日、月、星辰天相（十二章的前身）的古老"五行"学说，穿越了中国三千多年的封建社会。由此，纹章即是礼的载体。此外，礼服亦被称为章服，历代《舆服志》及明清的《三才图会》《清会典》等相关"服制"典籍都有"章服"内容的专属记载，而发展至清代已成为"章身之具"❶的规模盛世。然而纹章作为清宫袍服的典型特征，其以十字型平面结构为基础的大襟、对襟等服饰形制中，章纹样式、数量、大小乃至经营位置构成了清宫廷服饰礼制的等级规范。通过对光绪朝《清会典》等典籍记载与标本的数据采集、绘制和结构图复原发现，自乾隆朝以后，清宫廷吉服纹章形成了以数量为单位的二团❷、四团、八团、九团❸的系统化规制形式，且四类纹章规制基本涵盖了从帝后至文武百官吉服纹章的全部形态。通过对标本的实验研究，可佐证纹章于"十字型平面结构准绳"的经营位置，这一研究成果为我们认识清官服纹章如何依规布局找到了确凿的实物证据，无疑具有文献的补遗价值。

---

❶ 章身之具：源自《清稗类钞》"服饰，章身之具也"[3]。注：清代服饰以章纹满饰为特征。《清稗类钞》系全清掌故遗闻百科全书式的学术著作。
❷ 两团：即章纹数量为二的吉服，并非特指章纹形状。
❸ 九团：此词并未出现于《清会典》的载录中。本文特指里襟内含一个纹章，外可见八个纹章的吉服袍，其纹章数量为九，被视为纹章规制最高的吉服。

一、两团纹章与十字型平面结构的官袍标本

于近现代中国看，传统建筑的家底没有人说的清楚，亦没有一个权威文献，更不用说对中国古建筑结构的系统整理和研究。因此，日本建筑学者断言，中国当今无法见到像日本唐招提寺那样的唐代或唐前建筑。然而自梁思成先生开端的古建筑测绘、整理和考案的重大发现，打破了这一论调。其中最重要的是梁思成、林徽因先生归国后将全部精力投入到对古代建筑的结构测绘和数据采集中，而测绘终现于偶得，以确凿的唐代建筑结构营造法式在山西五台山发现了保存完整的唐代建筑佛光寺，并用专业手法绘制成图留存于世。梁先生的《中国建筑史》《图像中国建筑史》《〈营造法式〉注释》和《中国古建筑调查报告》等，事实上它们是以建筑结构科学为载体的中国第一古建科技史的权威文献。这对中华古典服饰结构研究尚在幼年阶段的现状具有重要的指导和借鉴意义。当我们着手对清代留存古典华服的官袍实物结构进行系统数据的信息采集、测绘和整理时发现，纹章经营位置于"十字型平面结构"作用下的"准绳"关系，而且普遍存在于两团、四团、八团、九团和十二章的章服系统规制中，却没有任何官方文献记载。因此，该结论需要从章服结构的标本研究开始，去寻找和倒推相关文献的蛛丝马迹。

（一）石青芝麻纱夏补褂形制特征

石青芝麻纱夏补褂，收藏于北京服装学院民族服饰博物馆，2001年12月收于北京，为文五品补褂。通袖长172.5cm，前身长119cm，后身长113.5cm。圆领、对襟、五粒镂雕铜扣、有接袖、三开衩，上饰两块蝠（福）寿边八吉祥海水江崖纹盘金白鹇补子，芝麻纱有暗团织纹，颜色与《清会典》所述"王公百官补服皆石青色"[4]一致（图5-1）。

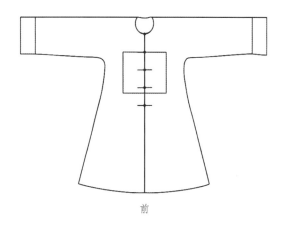

前

标本正视图

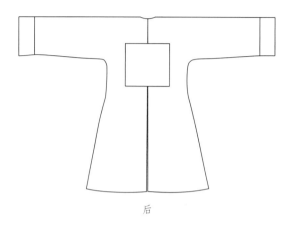

后

标本后视图

图 5-1

盘金白鹇方补纹

清古典袍服结构与纹章规制研究

圆领中镂雕铜扣

图 5-1

芝麻纱局部团形织纹

图 5-1 石青芝麻纱夏补褂标本（北京服装学院民族服饰博物馆藏）

清古典袍服结构与
纹章规制研究

（二）石青芝麻纱夏补褂的测绘与结构图复原

对石青芝麻纱夏补褂主结构和卷边进行全数据测量、绘制和结构图复原。其主结构前、后身长分别为 119cm、113.5cm，前领口深 11cm，后领口深 1cm，肩线处领宽 10cm，领围 40cm。接袖线距十字交点 76cm，袖口宽约 25.5cm。该件补褂衣身结构较为规整，除接袖外再无其他拼接，总体衣身前下摆横宽略大于后部。左右侧缝开衩长度略有偏差，约为 60cm，后中开衩长 60.5cm。补褂受穿着者自然肩斜的影响底摆产生起翘量，是由于衣服无肩斜但因人穿着时受重力和人体肩斜影响自然于左右底摆产生垂量，为在穿着时底摆呈水平状态，故制衣时采用"归拔工艺"将连裁的直摆卷边（连裁贴边）处理成弧形底摆，因而衣服水平放置时前后底摆均呈弧形，且其"前弧大于后弧"，说明前摆需要加强归拔工艺处理（图 5-2）。

石青芝麻纱夏补褂因季节关系无衬里，使得该件补褂以同款面料敷贴边的方式制作，达到隐藏缝份的目的，因而主体结构与贴边构成补褂毛样板。贴边采用连裁和分裁两种方式：前中、底边和袖口贴边均与主结构呈连裁关系，故补褂毛样板向内卷边，不包括缝份为 6cm、6.5cm、6.2cm 和 6.3cm。侧缝贴边分裁敷于后片，均宽 5.5cm，且为多次拼接而成。前片由底边至开衩处有长 65cm、66.7cm，宽 5.4cm 和 5cm 的分裁贴边。后中底边至开衩处有长 58.9cm、58.6cm，宽 5cm 的分裁贴边。领口分裁贴边宽为 4cm（图 5-3）。

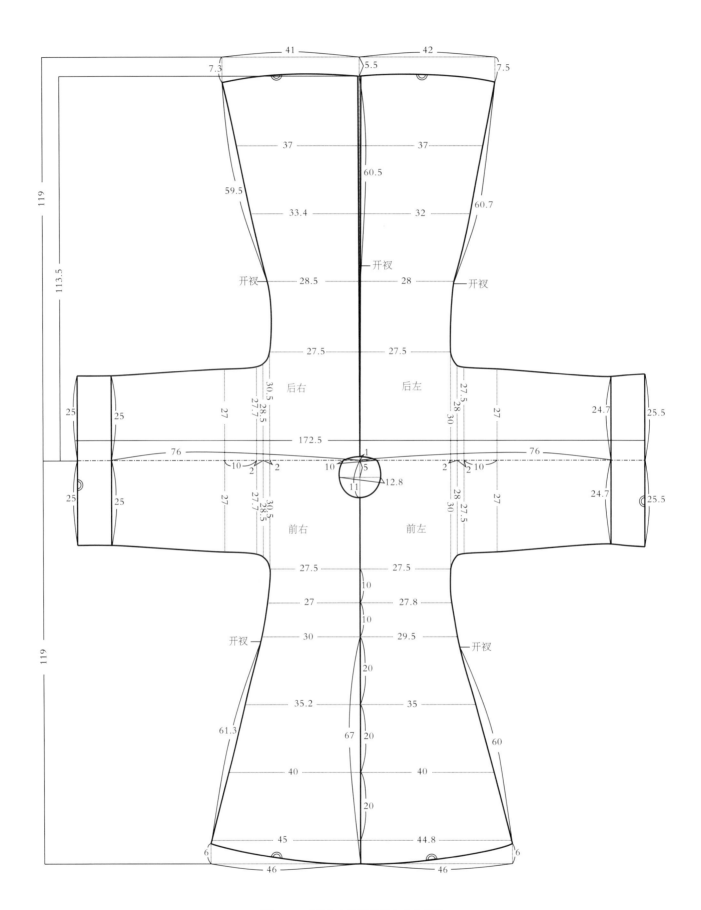

图 5-2　石青芝麻纱夏补褂主结构测绘

清 古典袍服结构与
纹章规制研究

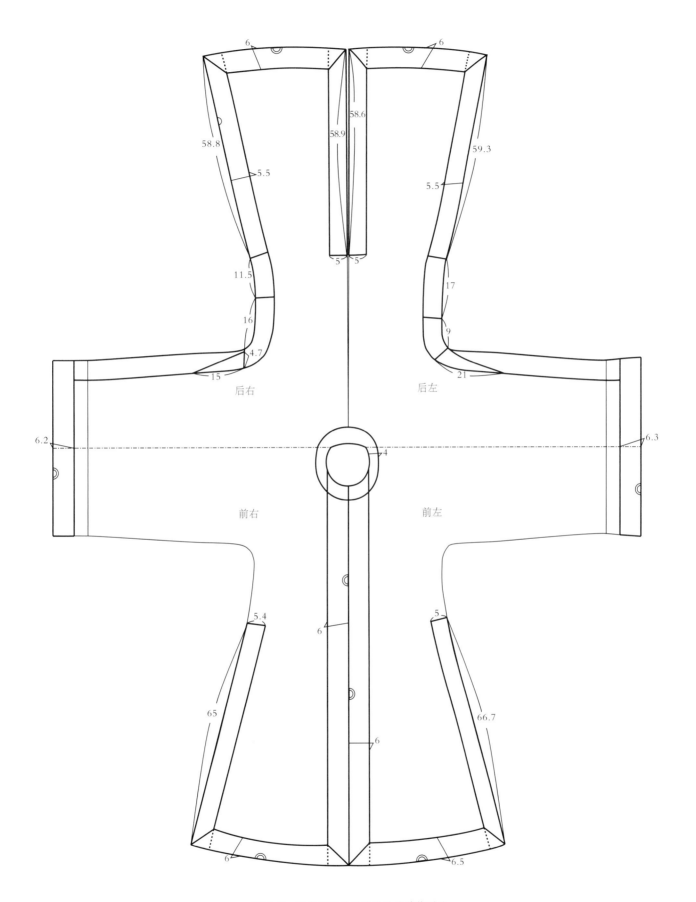

图 5-3　石青芝麻纱夏补褂贴边结构测绘

将古代服装标本毛样结构的复原，有助于认识其结构的细节特点和还原排料图，这些为研究其设计意图、营造制度和时代风尚提供了关键的参数和技术证据。

补褂标本毛样前中、底边、袖口贴边呈连裁结构，故贴边宽度自出缝份即为毛样。衣身后中缝份 0.5cm，分裁贴边 A1、B1 与后中缝合处缝份 0.5cm，相对一侧为锁边不需加缝份，上下两端卷边宽为 2.5cm。衣身侧缝缝份 1cm，同时与侧缝缝合的贴边一侧缝份皆为 0.5cm，另一侧为锁边。分裁贴边 A2、B2 上下缝份 2.5cm，A3、B3 上下缝份 1.5cm，A4、B4 上端缝份 1.5cm、下端缝份 1cm，A5、B5 上端缝份 0.5cm，A6、B6 缝份 1.5cm。A7、B7 与侧缝缝合处缝份 1.5cm，另一侧为锁边，且上下各卷边 1.5cm。接袖处缝份 1.2cm，领口缝份 1cm，领口贴边与衣身缝合处缝份 1cm，另一侧缝份 1cm，且左右各卷边 1.5cm（图 5-4）。

在贴边与主结构的毛样板关系中，贴边 A1、A2 与 B1、B2 尺寸之和分别与后中长度吻合，且宽度与前中 6cm 卷边相同，推测 A1、A2 与 B1、B2 基于节俭的考虑，将后开衩长度确定之后（A1、B1）剩余部分 A2、B2 作为贴边放置侧缝。通过实验所得 A1、A2 与 B1、B2 恰好能置于 C1、C2 的结构中，故该推测可以成立（图 5-5）。

由此，通过实验一初步构成了石青芝麻纱夏补褂的第一种排料图。因前中、后中贴边一侧及接袖缝为布边的情况下，判定补褂布幅宽约为 83.2cm（76cm+6cm+1.2cm）。经实验后所得排料尺寸为 83.2cm×485.2cm，故 83.2cm 布幅宽下用料面积为 40368.6cm^2。然而，若在标本接袖非布边的情况下，就有了第二种更节俭的排料可能，依此设想实验二中左后片与右前片交叉式排料，所得布幅宽为 89.4cm，虽较实验一（83.2cm）布幅稍宽，但实验二所用布料量 35295.1m^2（89.4cm×394.8cm）却较实验一少了 5073.5cm^2。故实验二排料方法更符合"敬物尚俭"传统的"造物理念"，且由布幅宽度判定该藏品所述年代更靠近现代，故实验二排料图复原更真实可靠。因此，"布幅决定结构形态"的设计理念，是通过多种方法与智慧来实现的，而且这个结论是被后续的标本研究中反复得到证实的。因而，这种结构理性"美"的绝妙设计才是现代服装设计中应汲取的精华所在（图 5-6）。

清 古典袍服结构与纹章规制研究

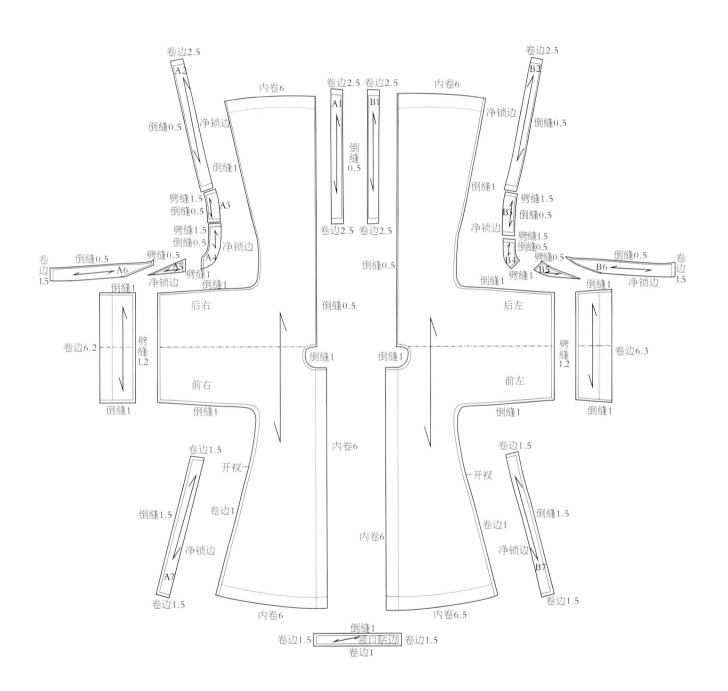

图5-4　石青芝麻纱夏补褂主结构毛样复原

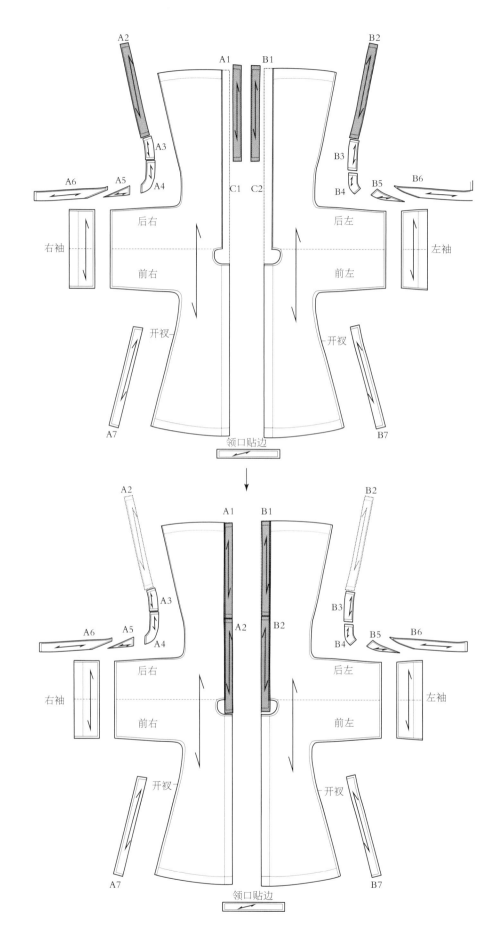

图 5-5　石青芝麻纱夏补褂毛样贴边实验节俭处理

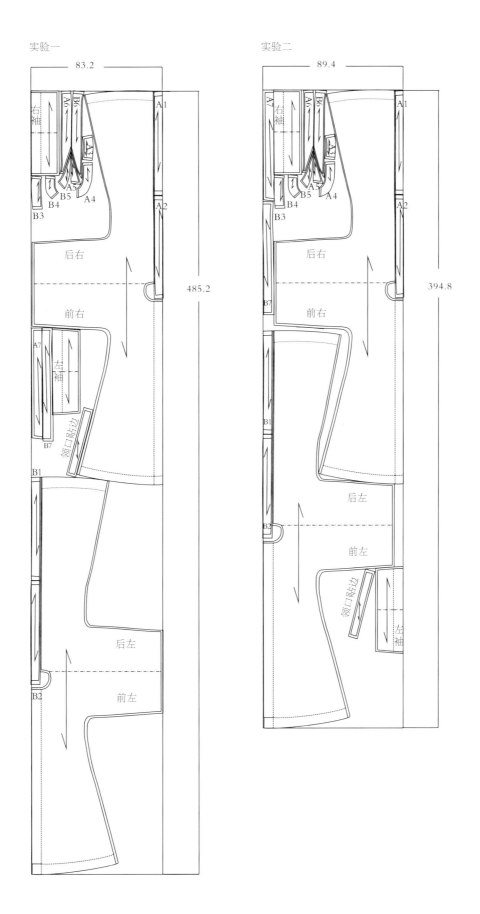

实验一

实验二

83.2

89.4

485.2

394.8

右袖 A7 A6 B6 A1

A3

A5 A4

B5

B4 B3

B2

后右

前右

A7

左袖

B7

领口贴边

B1

后左

前左

右袖 A7 A6 B6 A1

A3

A5 A4

B5

B4 B3

A2

B7

后右

前右

B1

B2

后左

前左

领口贴边

左袖

图 5-6　石青芝麻纱夏补褂排料图复原实验

（三）石青芝麻纱夏补褂补子结构、坐标图测绘与复原

对石青芝麻纱夏补褂补子结构纹理和坐标进行数据采集、测绘，两块补纹同为蝠寿边八吉祥海水江崖纹盘金白鹇补子，横30cm、纵28cm，分别嵌于前、后中轴线上，因该补服留存时间较久其补子变形量偏差在0.5cm左右，可忽略不计，故测量后所得补子的中轴线刚好落在该件补褂的前、后中心线上，并以前、后中心线为轴左右各对称15cm。前片补子距肩线垂直距离为23.5cm，后片补子距后领口垂直距离为16cm。补子虽因服饰结构变形的影响无法符合在以肩线和前、后中心线构成的十字型平面结构上的绝对对称，但其补子的位置经营并没有逃离十字型平面结构这个基础坐标，且蝠寿纹、海水江崖纹、四合云纹均在十字型平面结构上对称分布，故补子的坐标位置依然以"十字"坐标为"准绳"排列分布（图5-7）。

就该补褂纹章而言，所用白鹇又名"白雉"，因啼声喑哑，又名"哑瑞"，自古即是名贵的观赏鸟。为此唐代李白曾作诗"赠黄山胡公求白鹇"❶。《禽经》❷载，"鹇鹭之洁。白鹇，似山鸡而色白，行止闲暇"，因此宋代文人谓之"闲客"。明清两代文五品官皆用白鹇做补，取其翎毛洁白清廉之意。然自古官袍皆用不同纹章划分等级，故印证了王宇清先生❸对中国古代服饰制度特质之判断，其"非仅制为可见可触之外在形状，抑皆有其不可见不可触之内在精神"[5]。因此，"尊章"赋予其"铭位"，从标本研究中看到了其"术规"（图5-7中补子纹样复原）。

---

❶ 唐·李白《赠黄山胡公求白鹇》：请以双白璧，买君双白鹇。白鹇白如锦，白雪耻容颜。照影玉潭里，刷毛琪树间。夜栖寒月静，朝步落花闲。我愿得此鸟，玩之坐碧山。胡公能辍赠，笼寄野人还。
❷ 《禽经》：春秋·师旷著，是我国早期的鸟类志，其涵盖鸟的命名、形态、种类、生活习性等内容。
❸ 王宇清：字宇清，号乃光，1913年出生于江苏省高邮县，日本关西大学文学博士，台湾著名服装史学家。历任台湾历史博物馆馆长、台北中国旗袍研究会会长等职。著有《中国服装史纲》《冕服服章之研究》《历代妇女袍服考实》等多部著作。

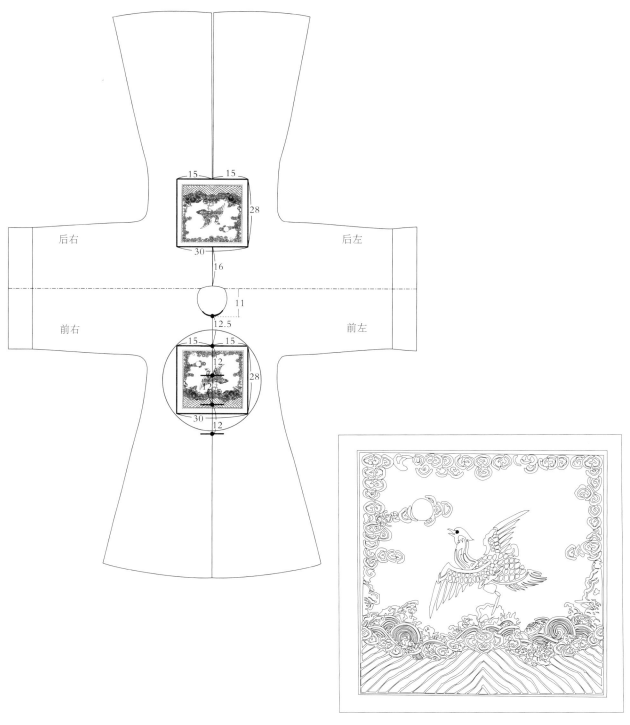

石青芝麻纱夏补褂补子纹样复原

图 5-7　石青芝麻纱夏补褂补子结构及纹样测绘

二、四团纹章与十字型平面结构的官袍标本

四团纹章规制作为帝王专用补服，纹饰不用方补，相反非戚官员的方补纹章也不会使用四团样式的排列形制。而四团纹章官袍继承了明制柿蒂纹结构的特点，柿蒂纹作为"帝章"在清帝王朝服中成为定制（参见图4-12、图4-13）。在此基础上衍生出两肩和前后四团分布寓四平八稳的"四平"，亦谓之"永固"。通过对《天朝衣冠》[6]载石青色缎缉米珠绣四团云龙夹衮服进行结构分析，探寻"十字型平面结构"对四团纹章经营位置的作用关系。

（一）石青色缎缉米珠绣四团云龙夹衮服形制特征

石青色缎缉米珠绣四团云龙夹衮服❶为清乾隆补褂，服于吉服外（图5-8）。《清会典》载，皇帝"衮服，色用石青，绣五爪正面金龙四团，两肩前后各一。其章，左日右月，前后万寿篆文，间以五色

---

❶　图片选自严勇、房宏俊《天朝衣冠》，北京：紫禁城出版社，2008：20。

　清古典袍服结构与纹章规制研究

云"[4]。该衮服与文献记载基本一致，其特别之处在于四团龙纹上用数万颗米珠装饰，实乃华美瑰丽可观帝王官服之貌。该装饰手法唯清代甚多，沈从文先生曾记"清帝王特种袍服，还有用孔雀尾毛捻线作满地，平铺，另用细丝线横界，上面再用米粒大珍珠串缀绣成龙凤或团花图案，费工之大、用料之奢侈，都为前代所少见"[7]，此样本为实证。

（二）石青色缎缉米珠绣四团云龙夹衮服纹章经营位置与十字坐标

在此次清团章官袍信息采集工作中，两团、八团及九团十二章样本皆有，唯独缺少四团补褂标本，故为论述的完整性，特选取《清宫服饰图典》❶ 所载石青色缎缉米珠绣四团云龙夹衮服做虚拟结构复原。通过文献图像样本做 1∶1 数据还原，文献图像所得团纹尺寸为 4cm，再通过类似实物样本以辅证与本次测量实物样本团纹尺寸比对，评估该文献图像样本为实际标本大小的 1∶7。故依据该结果，得出虚拟测绘下的石青色缎缉米珠绣四团云龙夹衮服纹章坐标结构图。A、B、C、D 四团分别为直径 28cm 的正圆，前后 A、B 两团中心点距十字坐标横轴垂直距离为 39cm、24.5cm，两肩 C、D 两团中心点距纵轴垂直距离为 33.6cm。可见，四团补纹完全占据"十字型"横、纵轴线，且在"十字型平面结构"的作用下以十字坐标为"准绳"呈 A 与 B、C 与 D 团纹两两对称形态，且该形态呈现柿蒂纹结构观感。柿蒂纹在传统营造法式中多用于建筑纹样中寓意平稳坚固，《酉阳杂俎》载，"木中根固，柿为最。俗谓之柿盘"[8]。此外，明代龙袍也多用柿蒂纹样，故清代宫廷服饰在继承明制的基础上，发展出类柿蒂纹的四团纹样，谓之"宗族皇室绵延永固"之意，可谓四团补服为柿蒂纹衍生版的最高级别的官袍，自然以十字坐标为"准绳"经营位置不可僭越，而成为清团章官袍规制的基础（图 5-8）。

---

❶ 《清宫服饰图典》：作者严勇、房宏俊、殷安妮，2010 年由紫禁城出版社出版。

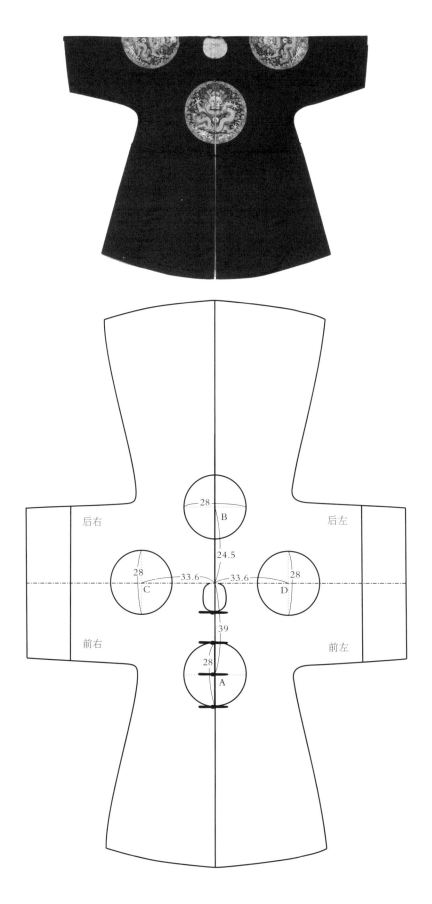

图 5-8　石青色缎缉米珠绣四团云龙夹衮服纹章结构测绘

三、八团纹章与十字型平面结构的官袍标本

八团纹章自嘉庆后为宫廷女子吉服袍、吉服褂专用纹章规制，其在"十字型平面结构"的"准绳"作用下，纹章分布呈现怎样的特征？通过对北京服装学院民族服饰博物馆藏品清晚期典型石青绸绣八团鹤纹吉服褂的全数据测量、绘制和结构图复原，试找寻八团术规的答案。

（一）石青绸绣八团吉服褂形制特征

清末石青绸绣八团吉服褂藏于北京服装学院民族服饰博物馆，2006 年 3 月收于河北，博物馆研究人员通过对标本的综合鉴定确定为清宫廷吉服女夹褂。标本通袖长 172cm，衣身长 142.5cm。形制为宽袍大袖、圆领、对襟、五粒雕花铜扣、有接袖、裾后开，内有夹层充丝绵。面料为石青缎纹绸，上绣团鹤纹、海水江崖纹、八宝纹、蝴蝶、葫芦等祥瑞纹样。《清会典·凡冠服之制》命妇一节载，"民公夫人至七品命妇……吉服褂，色用石青，皆绣花八团"[4]，而此类八团褂于顺治时曾为男子服用，到了嘉庆朝后八团纹章才渐渐淡出宫廷男子服饰，为女子专用[9]（图 5-9）。

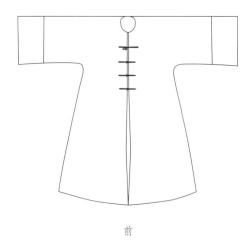

前

标本正视图

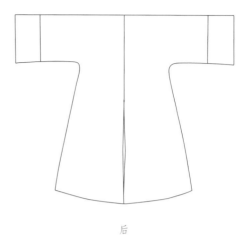

后

标本后视图

图 5-9

团鹤纹、海水江崖纹

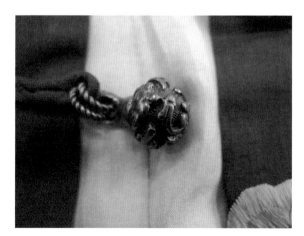

雕花铜扣

图 5-9 石青绸绣八团吉服褂标本（北京服装学院民族服饰博物馆藏）

（二）石青绸绣八团吉服褂的测绘与结构图复原

对清末石青绸绣八团吉服褂主结构和衬里进行全数据测量、绘制和结构图复原。其基本数据：接袖处距十字交点 65.8cm，接袖宽 20.2cm，袖口宽 37cm；领口深 12cm，领围 36.5cm，后领无领深量；衣身底摆有 10.2cm 翘量。衣身五粒扣位分别相距 11cm、11.3cm、9.9cm、10.8cm。此外，该件吉服褂后开衩长 79cm，对襟和后开衩处面料均有向侧缝的内凹量约 1.8cm，该凹量或因穿着者久坐而至并非结构问题（图 5-10）。

主结构毛样前后中线、侧缝缝份 1cm，接袖缝份 0.5cm，领口缝份 0.6cm，袖口和底边缝份分别为 1.3cm、1.5cm（图 5-11）。清代宫作织物多出自江南三织造❶，因用人工手动织机故布幅多在 70cm 左右[11]。经主结构毛样排料试验所得结果有二，实验一布幅宽为 68cm（65.8cm+0.5cm×2+0.6cm×2），故该幅宽下用料量为 43764.8cm²（68cm×643.6cm）；实验二所得布幅宽为 74cm，虽幅宽较实验一宽，但仍在清代布幅宽度范围之内，且用料量 42032cm²（74cm×568cm）小于实验一。因此，实验二所得结果更符合古人"节俭"的意识，幅宽也更符合实情（图 5-12）。

石青绸绣八团吉服褂衬里依附于主结构而制，根据不同季节和礼仪规制分为无衬里即单衣（参见图 5-1），半衬里即半夹衣和全衬里即夹衣（参见图 5-30）。石青绸绣八团吉服褂属于半夹衣（图 5-13），其结构测绘：通袖长 161.2cm，较主结构少 10.8cm（5.4cm×2）；接袖线左右各距十字交点 43.8cm、41.6cm，左、右接袖宽 36.8cm、39cm；前身长后身短分别为 112.5cm、104.4cm；前、后侧缝有四处补角摆，左侧长 22.5cm，右侧长 23.6cm（图 5-14）。衬里毛样底边缝份 0.7cm，袖口、前后中线缝份 1cm，领口缝份 0.7cm，侧缝缝份均为 2.1cm，左、右接袖处缝份 1cm、0.7cm，补角摆缝份 0.8cm、1cm（图 5-15）。因

---

❶ 江南三织造：有江宁（今南京）织造、苏州织造、杭州织造，是清代专供宫廷御用和官用纺织品的织造局。自明代起于江宁、苏州、杭州已有旧的织造局，但久经停废，而清代江南三织造于顺治年间恢复。

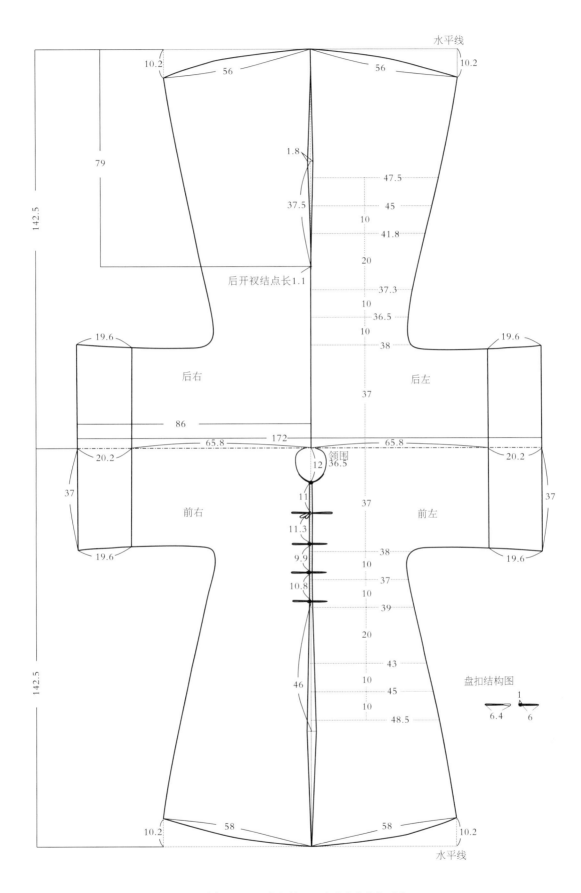

水平线

10.2　56　56　10.2

1.8

47.5

45

10

41.8

20

37.5

后开衩结点长1.1

37.3

10

36.5

10

38

19.6　19.6

后右　后左

37

86

172

65.8　65.8

20.2　领围　20.2

12　36.5

37

11　37

前右　前左

11.3

38

10

9.9

37

10.8

10

39

19.6　19.6

20

43

盘扣结构图

10

45

1

46

10

6.4　6

48.5

10.2　58　58　10.2

水平线

图 5-10　石青绸绣八团吉服褂主结构测绘

142.5

79

142.5

37

19.6

37

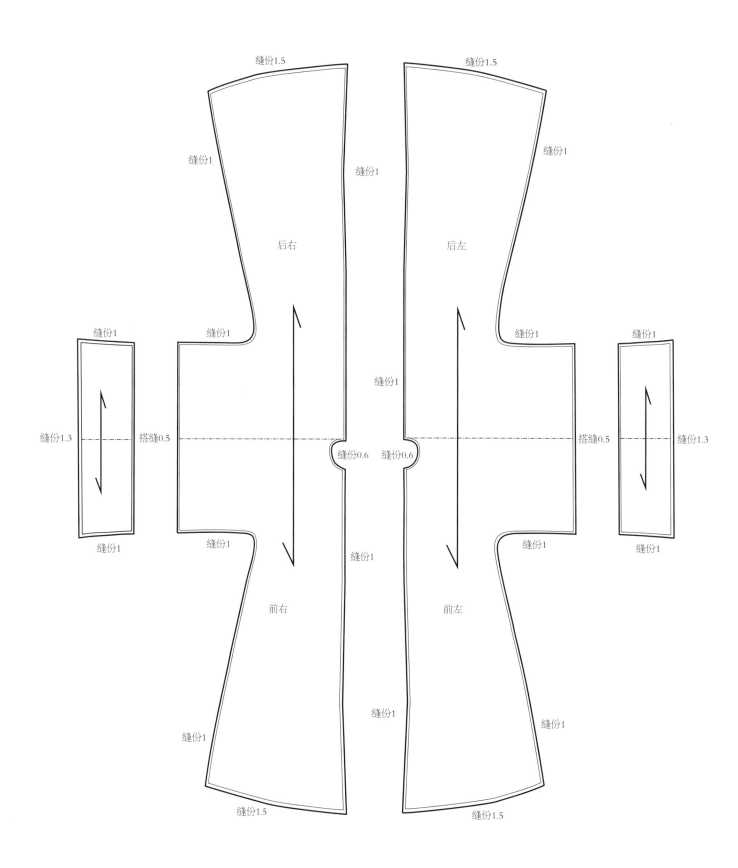

縫份1.5　　　縫份1.5　　　　　縫份1.5　　　縫份1.5

縫份1　　　　　縫份1　　　　　　縫份1

后右　　　　　后左

縫份1　　　縫份1　　　　　縫份1　　　縫份1

縫份1

縫份1　　　　　　　　　　　　　　　　縫份1

縫份1.3　搭縫0.5　　　　　　　　　搭缝0.5　縫份1.3

縫份0.6　縫份0.6

縫份1　　　　縫份1　　　　　　縫份1　　　縫份1

前右　　　　　前左

縫份1　　　　　　　　　　　縫份1

縫份1

縫份1.5　　　　　縫份1.5

图 5-11　石青绸绣八团吉服褂主结构毛样复原

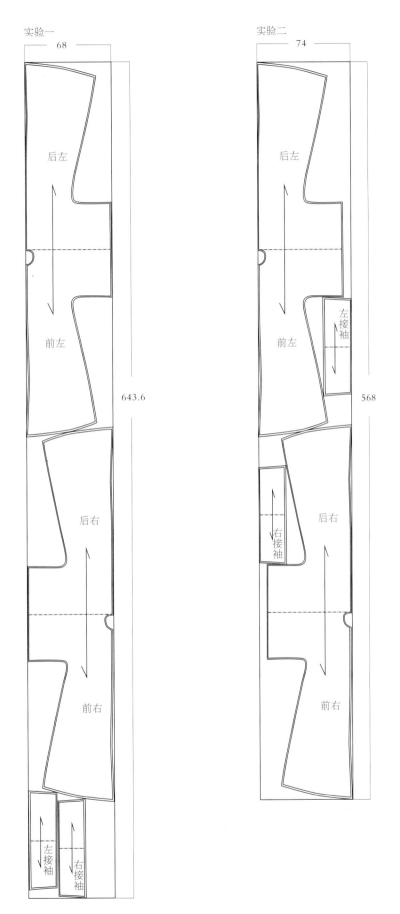

实验一

实验二

68

74

后左

前左

后右

前右

左接袖

右接袖

643.6

后左

前左

左接袖

右接袖

后右

前右

568

图 5-12　石青绸绣八团吉服褂主结构毛样排料实验

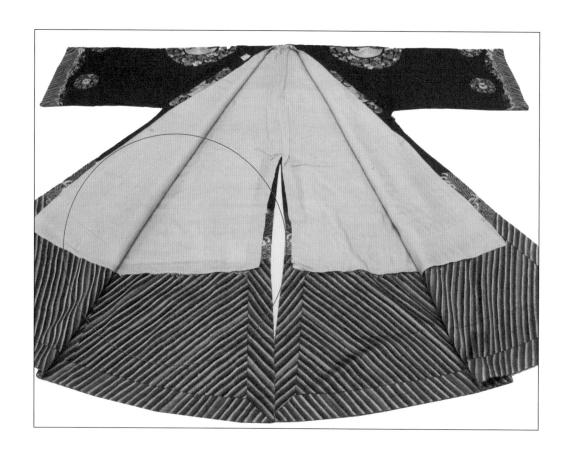

图 5-13　石青缂绣八团吉服褂标本——衬里展开与局部

 古典袍服结构与
纹章规制研究

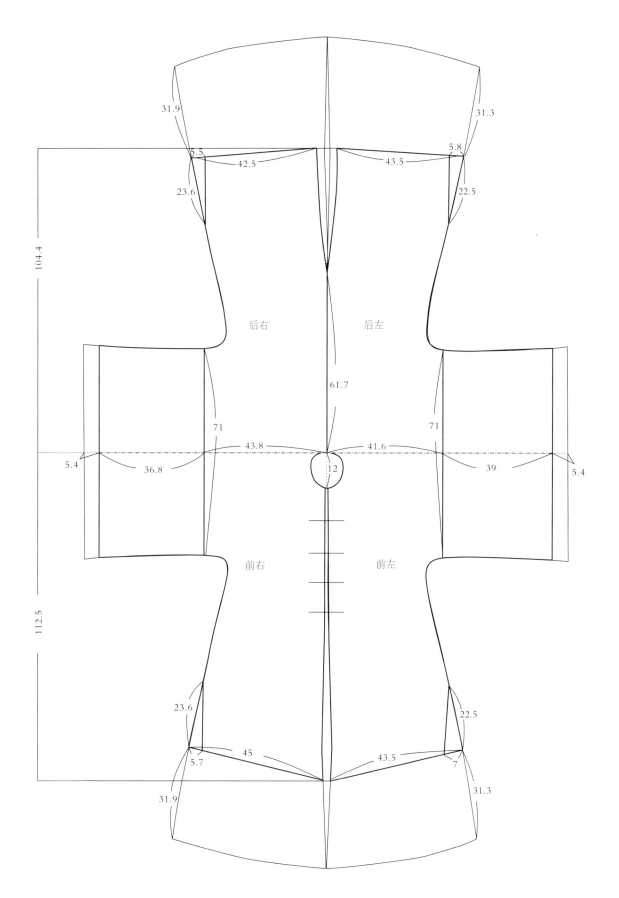

图 5-14　石青绸绣八团吉服褂衬里结构测绘

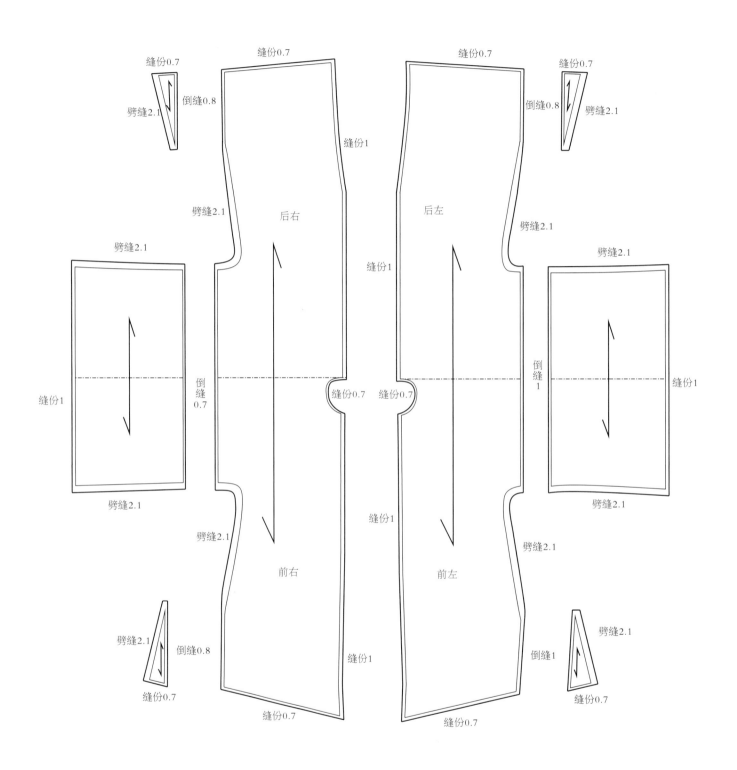

缝份0.7　　缝份0.7　　　　　　　　缝份0.7　　缝份0.7

倒缝0.8　　缝份1　　　　　　　　　　倒缝0.8

劈缝2.1　　劈缝2.1　　　　　　　　　劈缝2.1　　劈缝2.1

劈缝2.1　　后右　　　后左　　　劈缝2.1

劈缝2.1　　劈缝2.1

缝份1

缝份1

倒缝0.7　　缝份0.7　　缝份0.7　　倒缝1　　缝份1

缝份1

劈缝2.1　　　　　　　　　　　　劈缝2.1

劈缝2.1　　　　　缝份1　　　劈缝2.1

劈缝2.1　　倒缝0.8　　前右　　前左　　倒缝1　　劈缝2.1

缝份0.7　　　　　　　　　　　　缝份0.7

缝份1

缝份0.7　　　　缝份0.7

图 5-15　石青绸绣八团吉服褂衬里毛样复原

　清古典袍服结构与纹章规制研究

里料袖接缝和前、后中线皆为布边，故石青绸绣八团吉服褂里料布幅稳定，为 45.5cm（43.8cm+1cm+0.7cm）。依据衬里毛样情况排料实验有二，实验一和实验二在布幅决定结构的理论支持下采用相同布幅宽度，所得排料尺寸分别为 45.5cm×618.2cm 和 45.5cm×614cm，实验二用料量 27937cm^2 小于实验一用料量 28128.1cm^2，实验二排料方法更节俭，说明古人在用料问题上是精打细算的。从衬里结构出现四处"补角摆"的情况来看，就是基于整幅布料的物尽所用而来的，这也证明了先人制衣时"敬物尚俭"的理念从民间到宫廷皆适用。更可看出，古人对自然赐予之物的敬畏与贫富无关，且不以牺牲尊卑为代价，因此"补角摆"在清代虽普遍存在，但一定是里多于表；表布出现一定是女多于男，也使"凡宫作艺匠不惜工本"的说法存疑（图 5-16）。

　　石青绸绣八团吉服褂贴边所用面料与主料相同皆为石青刺绣缎纹绸，且贴边刺绣均与主料刺绣吻合，分别位于对襟、侧缝、底边、袖口、开衩处，并有拼接。该标本贴边分裁是在主结构刺绣的过程中，将主结构之外的布料空间，顺应主绣纹作贴边刺绣。从此细微之处可以看到，先人如何处理节俭与考究的用心，由此我们有理由怀疑清代贵族、宫廷造物不计工本的观点（图 5-17）。

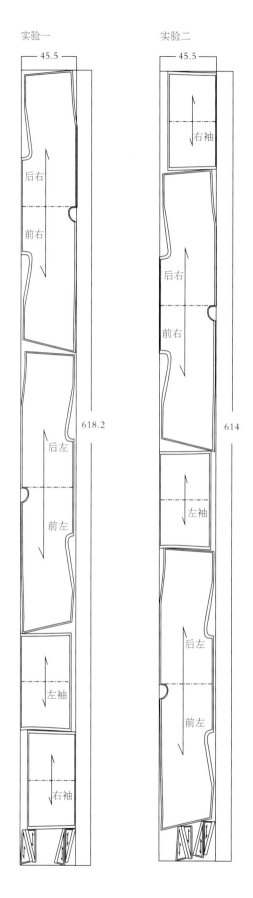

实验一 实验二

图 5-16　石青绸绣八团吉服褂衬里毛样排料实验

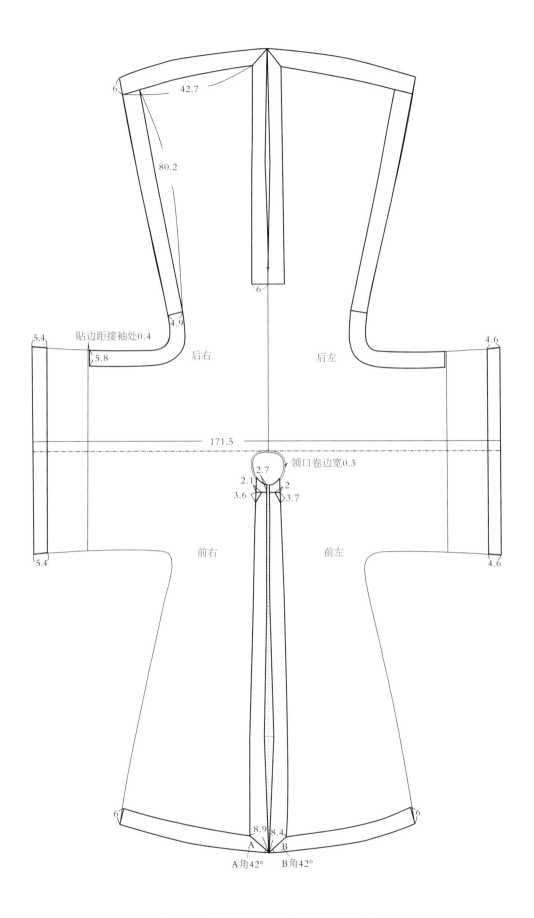

图5-17 石青绸绣八团吉服褂贴边结构测绘

（三）石青绸绣八团吉服褂八团纹章经营位置与十字坐标

石青绸绣八团吉服褂，八团纹章由直径 28cm 和 13cm 的同心圆吉祥纹与团鹤纹组成，分布在以肩线和前后中心线为轴线的"十字型平面结构"上。肩部团纹 D、E 中心点落于肩线上，并以 Q 为十字型结构交汇点左右各相距 31cm。前胸后背两团 C、F 中心点落于前、后中心线上，并以 Q 为十字型结构交汇点前、后各相距 36.5cm、33cm。衣摆处四团纹饰 A、B、G、K 中心点距肩线的垂直距离均为 73.5cm，且两两对称分布，距前、后中线水平距离为 21cm、22cm，值得注意的是 A、B、G、K 中心点作对角连线均过"十字"交点 Q，若不计手工制作的误差，此八团纹章皆在"十字坐标"上且呈现纵米字分布。此外，标本接袖上辅助的六个小团纹章综合起来，显然是继承了汉俗的"四平八稳、六六大顺"的传统。作为官服它的经营位置也不会随意为之，左、右接袖的中间小团纹章当然落在横轴肩的延长线上，右接袖上下团纹距中间团纹均为 23cm，左接袖上团纹距中间团纹 23.5cm，下团纹距中间团纹 22cm。这些看似不规则的数据或许是隐含着一个秘密，当把两组对角分布的小团纹章连成一条线时，奇迹发生了，它们同样通过十字交点 Q 呈横米字分布。这既不是偶然也不是巧合，因为在此类标本数据的采集和结构图复原中不是孤证，这几乎成为仪规（参见图 5-18、图 5-31 等）。由此用实物印证了"礼者，天地之序也"[10] 之法礼践行的客观存在。同时，在"十字型平面结构"的"准绳"作用下对角纹章连线所形成的米字形章服规制，第一次证明了"四平八稳""六六大顺"

清古典袍服结构与纹章规制研究

的吉语并非一句空话，而是真实存在于以古人服饰为代表，以纹章吉祥寓意常伴衣者的实物证据中。然而民间和宫廷所不同的是，官服纹章的经营是有规制可寻的而民间却没有，从标本的研究来看，纹章的经营规制是严格按照十字坐标为准绳而成为官服匠作的仪规。这也是从清官服标本信息采集和结构图复原中所得到而文献没有提供的重要发现。这不仅是对文献考证的重要补充，还说明"考物"在学术研究中是不可或缺的。

此外，八团纹章的经营位置除了与"十字坐标"发生着数据关系，其纹章样式同样围绕"十字坐标"展开且具有普遍性。以石青绸绣八团吉服褂为例。两襟鹤纹头部均朝向中轴线，其他鹤头的朝向似呈现汇于横纵轴线交点趋势。前胸鹤纹头向右、后背向左纹饰内容呈环绕承接式分布，是一种动态而"向心"分布的平衡，寓意瑞福、祥气环绕其身。肩部鹤纹左、右对称头朝向前，整体鹤纹呈现趋前的状态，是"外尊里卑"于纹饰上的体现，即"重前轻后"。在纹章内容的组织上，鹤纹有长寿之意，与葫芦（龟纹）、蝴蝶纹搭配使用，寓意福禄寿，是对穿着者的美好祝愿。可见先人对"天人同构""天人合一"的不懈追求，于服饰纹章体现在样式对"十字型平面结构"的环绕形态，及纹章经营位置在"十字型平面结构"的相对对称关系中，是人与自然平衡、和谐宇宙观的物化诠释。可见，天人合一的正统哲学并不缺少真实生动的物证（图5-18）。

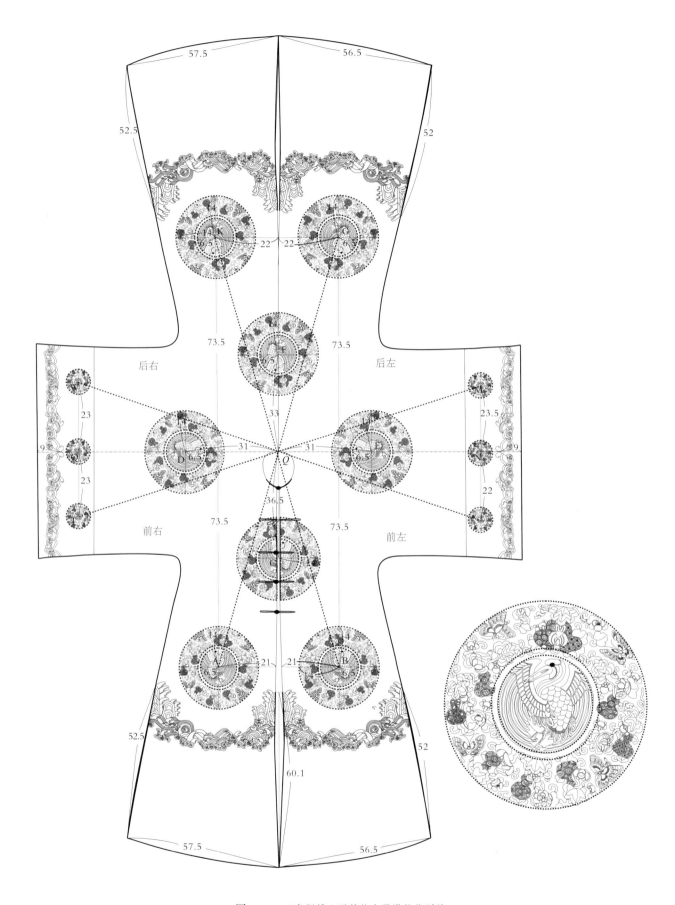

图 5-18　石青绸绣八团鹤纹吉服褂纹饰测绘

四、九团纹章与十字型平面结构的官袍标本

九团纹章为清代中后期宫廷以男吉服袍为主，且级别最高的官服规制，为论证九团纹章所循轨度与"十字型平面结构"的关系，特对清末典型九团纹章官服灰蓝织金缂丝云纹蟒袍作全数据信息采集、绘制和结构图复原工作。其过程中有所发现，从而进一步证明清末官服纹章从两团、四团、八团到九团纹章的设计经营与"十字型平面结构"古老而一贯的匠作规范保持紧密的制约关系，具有深远的文化传统和礼教内涵。如果从中国整个官服纹章规制形态的面貌评价，纹章制度在清末官服的表现已达到顶峰，该标本确为我们提供了绝佳的研究物证。

（一）灰蓝织金缂丝云纹蟒袍形制特征

灰蓝织金缂丝云纹蟒袍是北京服装学院民族服饰博物馆的镇馆之宝，2003 年 6 月收于北京，是典型的九团纹章官服标本。该件蟒袍通袖长 192cm（170cm+11cm+11cm）、衣身长 135cm。形制为圆领大襟、马蹄袖、两侧开衩、有接袖，五粒雕花铜扣。纹饰为九团蟒纹配以四合云纹、八吉祥纹、蝙蝠纹、万字纹、海水江崖纹满绣。因受缂丝工艺和布幅的影响，衣身除接袖处外通身结构规整，与《中华民族服饰结构图考·汉族编》[11]中民间袍服结构多拼接的情况相异，因而，从结构的规整角度看是典型的宫廷服饰形制。但是作为典型的宫廷官服也并非是不惜工本的匠作范例，因为在衬里结构中，为有效地节省布料，"布幅决定结构"的设计准则被严格执行（图 5-19、图 5-27）。

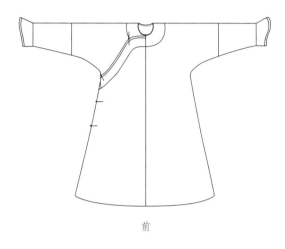

前

标本正视图

 古典袍服结构与
纹章规制研究

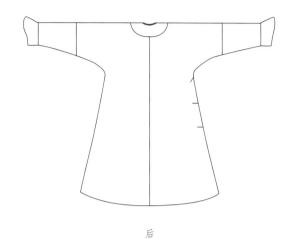

后

标本后视图

图 5-19

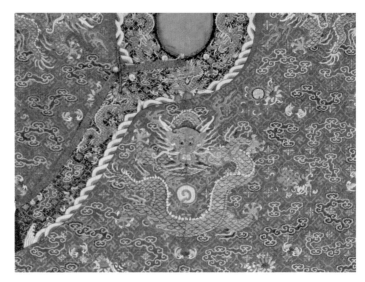

标本中轴均为"正龙"纹

标本正龙纹、行龙纹、海水江崖纹满绣

大襟缘饰和雕花铜扣

图 5-19 灰蓝织金缂丝云纹蟒袍标本（北京服装学院民族服饰博物馆藏）

（二）灰蓝织金缂丝云纹蟒袍的测绘与结构图复原

灰蓝织金缂丝云纹蟒袍主结构（除去马蹄袖部分），通袖长170cm、衣身长135cm。从接袖线到十字交点长56cm，接袖宽29cm，左、右袖口宽16.5cm、17cm。以肩线为基线，前领口深11cm，后领口深1.2cm，领围36cm，侧开衩长53cm（图5-20、图5-21）。虽《清会典》载，"蟒袍，宗室裾皆四开，余前后开"[4]。但据故宫博物院现存清代晚期蟒袍实物来看，多以左右开衩为主，显然可佐证满人服饰从尚骑射演变为吉服（礼服）的汉俗情况❶。在颜色的等级制度中，级别越高颜色的专属性越强，结合纹章的等级（从两团到九团）基本上可以判断官服的等级。"王公百官……蟒袍。蓝及石青诸色随所用"[4]。故灰蓝织金缂丝云纹蟒袍为王公百官之服确凿，同时该官服为九团蟒纹，说明它在蟒袍中等级最高。

该样本主结构毛样中袖接缝、侧缝缝份均约1cm，后中线、里襟中线缝份2cm，大襟与前左侧衣片拼接中线处缝份为1.8cm，底边缝份0.8cm，里襟底边缝份1.3cm。整体用料皆为直丝。基于布幅决定结构且接袖和前后中缝均为布边的实际情况，可以判断主结构布幅宽为59cm。依据主结构毛样排料所得实验有二，其排料尺寸分别为59cm×720cm、59cm×739cm，实验一所用面料长度较实验二少19cm，故在布幅一定的情况下，基于"敬物尚俭"的制衣法则用料少的一组更为合理（图5-22、图5-23）。

---

❶ 汉俗服饰历史中，尊礼教，从礼服到便服从不采用前后开衩，只采用两侧开衩，即使引入胡服形制也以侧开衩为主。

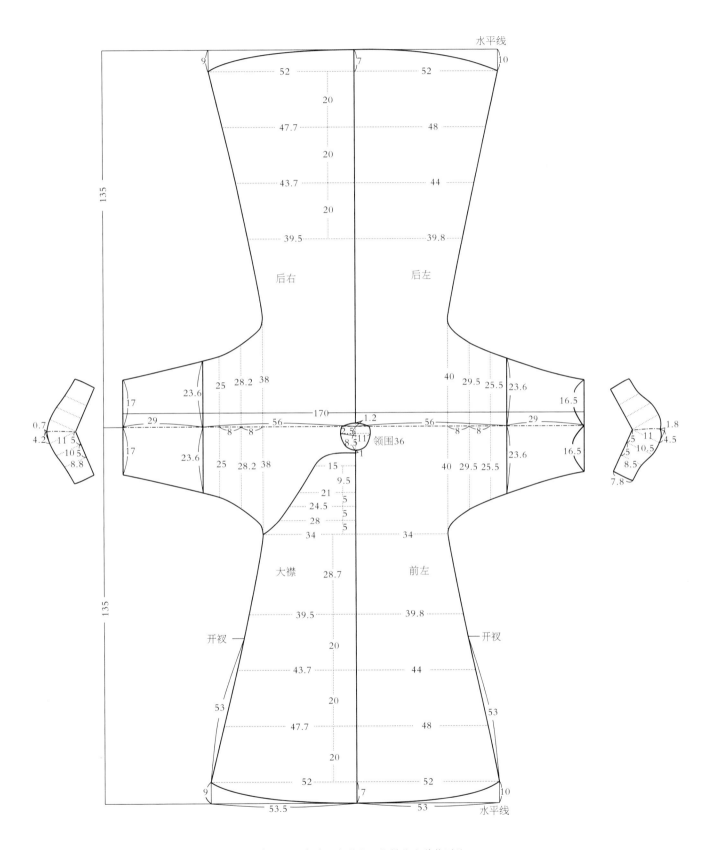

水平线

135

52　　52

20

47.7　　48

20

43.7　　44

20

39.5　　39.8

后右　　后左

40　29.5　25.5　23.6

25　28.2　38

23.6

17

16.5

0.7　　29　　　　　170　　1.2　　　56　　　29　　　1.8

4.2　11　5　　8　8　　2.5　　8　8　　5　11　24.5
　　10.5　　　　　　8.5　11　　　　　10.5
8.8　　　17　23.6　　　1　领围36　　　23.6　16.5
　　　　　　　　　　　　7.8

25　28.2　38　　40　29.5　25.5

15

9.5

21　　5

24.5　　5

28　　5

34　　　34

大襟　28.7　前左

39.5　　39.8

开衩　　　　　　　　　开衩

20

43.7　　44

53　　　20　　　53

47.7　　48

20

52　　52

9　　　7　　　10

53.5　　　53
水平线

135

图 5-20　灰蓝织金缂丝云纹蟒袍主结构测绘

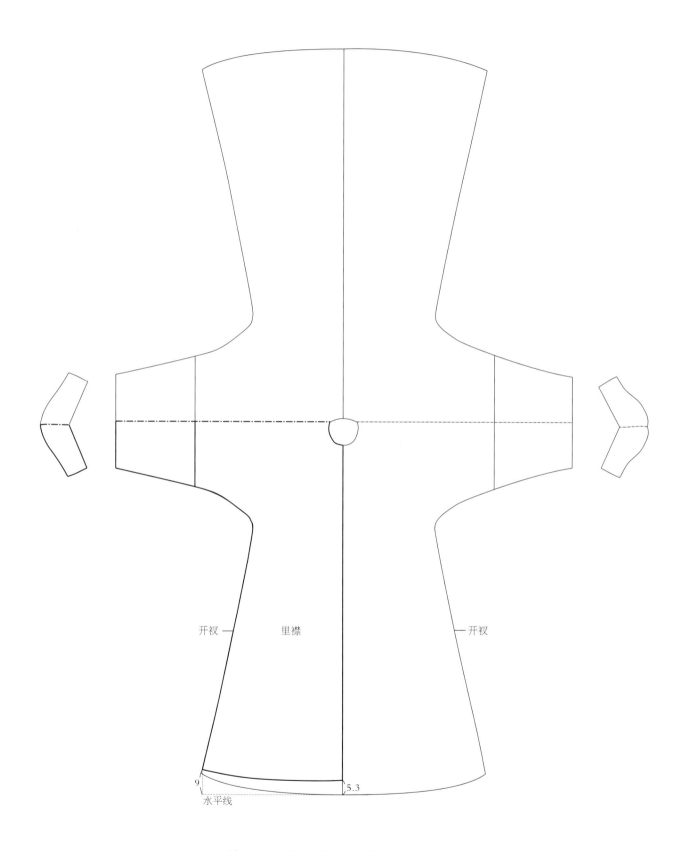

开衩 —— 里襟 —— 开衩

9 5.3

水平线

图 5-21 灰蓝织金缂丝云纹蟒袍主结构里襟测绘

清 古典袍服结构与
纹 章 规 制 研 究

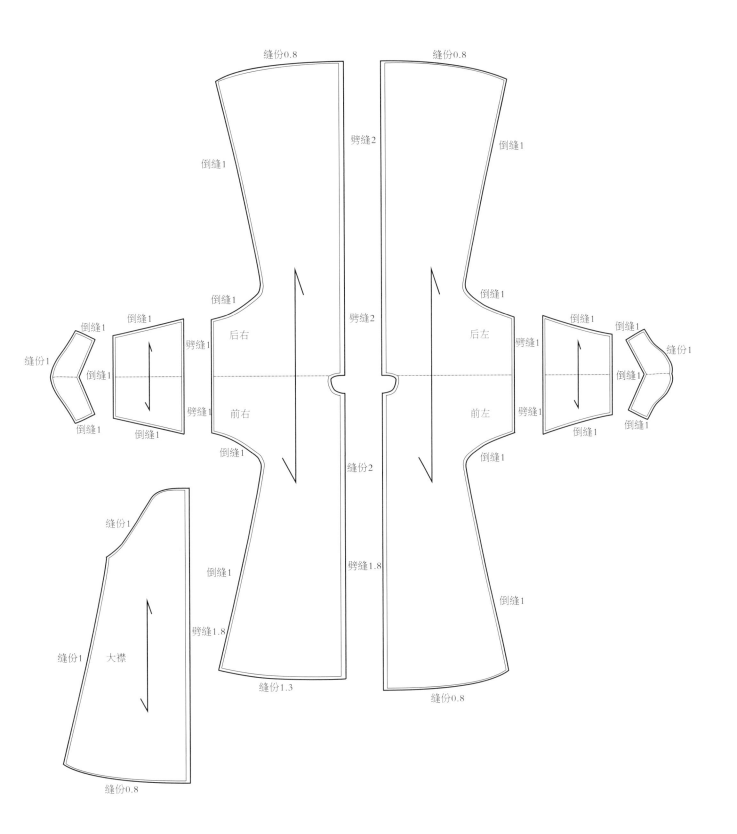

缝份0.8　　　　　　　缝份0.8

劈缝2　　　　倒缝1

倒缝1

倒缝1　　　　　　　　　　　倒缝1

倒缝1　　倒缝1　　　　　　　　　　　　　　　　倒缝1　倒缝1

缝份1　　倒缝1　　　劈缝1　后右　　劈缝2　后左　劈缝1　　　　倒缝1　　缝份1

　　　　　　　　　劈缝1　前右　　　　　　前左　劈缝1

倒缝1　　　倒缝1　　　　　　　　　　　　　　　　倒缝1　倒缝1

倒缝1　　　　　　　　　　　倒缝1

缝份1　　　　　　　劈缝2

缝份1

倒缝1

劈缝1.8　　　劈缝1.8

缝份1　大襟　　　　　　　　　倒缝1

缝份0.8　　　　　缝份1.3　　　　缝份0.8

图 5-22　灰蓝织金缂丝云纹蟒袍主结构毛样复原

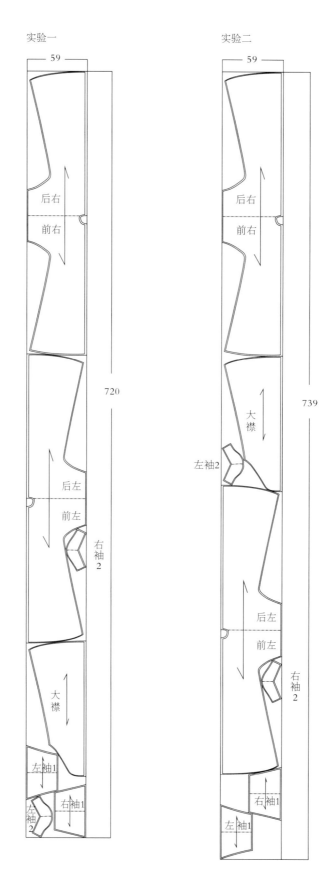

实验一　　　　　　实验二

59　　　　　　　　59

后右　　　　　　　后右

前右　　　　　　　前右

720　　　　　　　739

大襟

左袖2

后左　　　　　　　后左

前左　　　　　　　前左

右袖2

右袖2

大襟

左袖1

右袖1

右袖1

左袖2

左袖1

图 5-23　灰蓝织金缂丝云纹蟒袍主结构毛样排料实验

相较于主结构用料的规整性，衬里呈现出多拼接的结构特点。衣摆处有长约 80.5cm、78cm、80cm，宽约 18cm、18.5cm、17.5cm 的五处补角摆，左、右接袖线距十字交点 35.5cm、36cm，接袖宽为 36.5cm、37.5cm 和 12cm、11.2cm。从接袖处与补角摆的缝份情况看，其皆为布边且补角摆拼接处缝份在接袖线的延长线上。因此，蟒袍里料布幅宽约 40cm（图 5-24、图 5-25）。此外，该蟒袍里料独特之处在于，马蹄袖与衣身所用里料不同，且马蹄袖处里料织有暗团纹，是为穿着者非常规情况下呈挽起袖口的状态而准备，不致真实里料外露有失礼规。由此显现清官袍用工用料之精细，皆遵从古之尊卑法礼（图 5-26）。

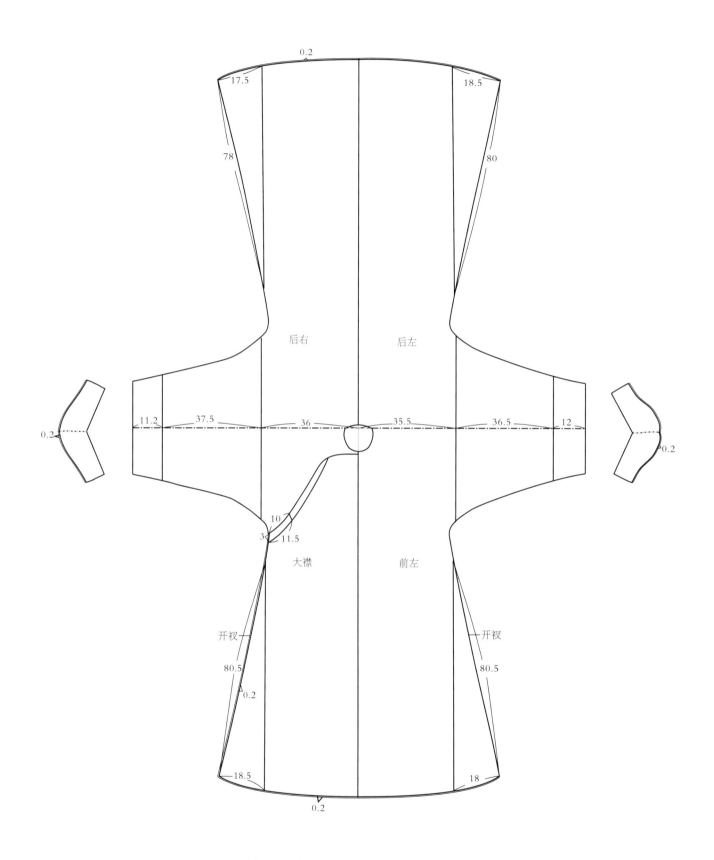

图 5-24　灰蓝织金缂丝云纹蟒袍衬里结构测绘

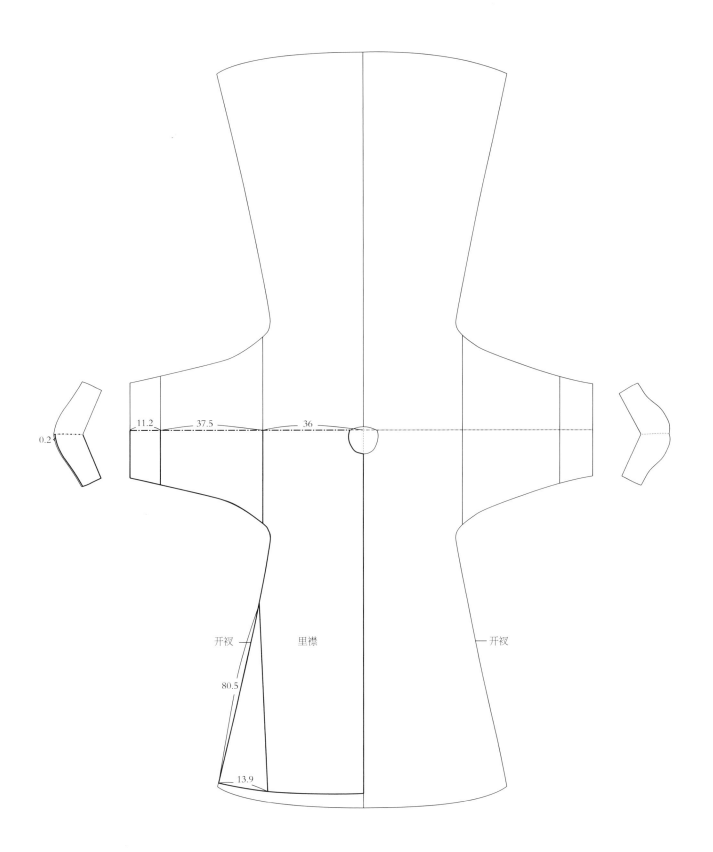

图 5-25　灰蓝织金缂丝云纹蟒袍衬里里襟结构测绘

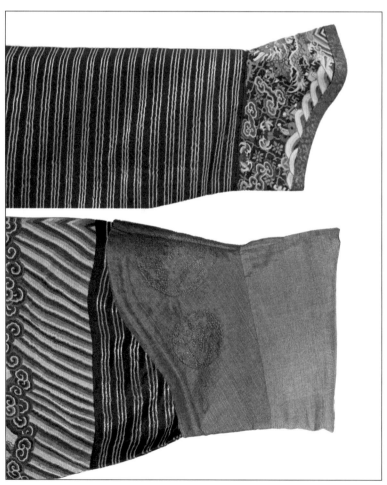

图 5-26　灰蓝织金缂丝云纹蟒袍标本——马蹄袖表里纹章

　清古典袍服结构与纹章规制研究

衬里毛样袖接缝、前后中线、补角摆接缝和侧缝缝份均为 1cm，底边缝份 1.5cm。因布幅宽 40cm 已定，故所得排料实验有二，实验一排料尺寸 40cm×991.7cm，实验二排料尺寸 40cm×1004.8cm，经数据比对，实验一用料长度较实验二更为节省合理（图 5-27、图 5-28）。由此，从主结构和衬里的结构状态可看出，在相对禁锢的儒家礼教中先人意寻求以格物致知为基础的"美"，这样在不破坏物质完整性的前提下，纹章（礼法）才有了最大限度的发挥。表面上看似是寻求装饰的感性美，其实是在追求理性中服饰结构的自然状态，从而使其满足亘古不变的"敬物""惜物"精神，进而从中得到内省。这一现象印证了中国传统美学重视自然法度（人以自然为尺度的道家传统）的世界观，寻求在理性支配下"师法自然"的内心情感诉求的境界。因此造就了"艺术和功用"模糊不清的中华文化特质，这就是中华传统服饰总给人以装饰性感受的原因，其实它的背后还有一个强大的"格致"精神作为支撑，只是它在"物理"的背后赋予礼"礼教"的特质，这不过是历史的局限。

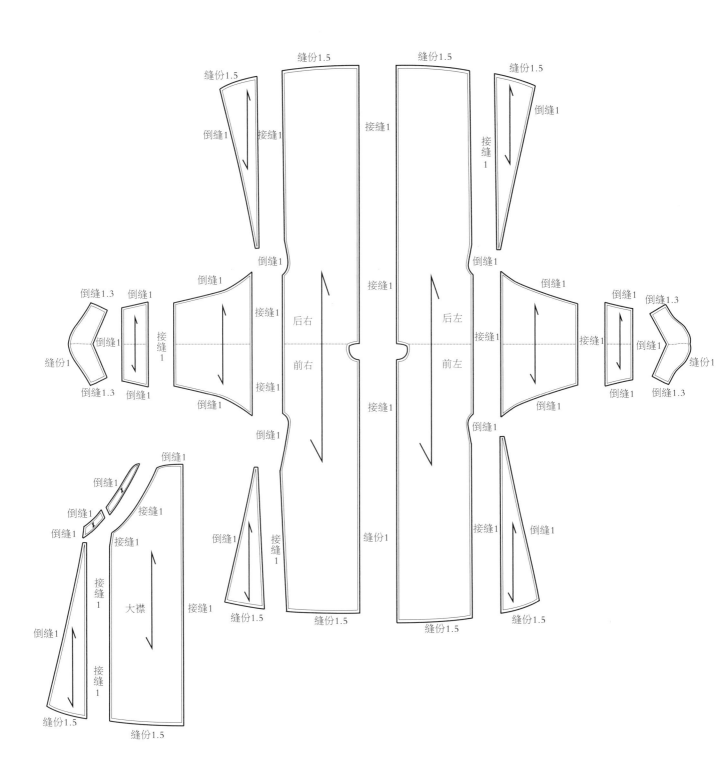

縫份1.5　　　縫份1.5　　　縫份1.5

縫份1.5　　　　　　　　　　　縫份1.5

接縫1　　　　　　　　　　接縫1

倒縫1　　　接縫1　　　　　　　　　接縫1　　　　倒縫1

接縫1　　　　　　　　　接縫1

倒縫1　　　　　　　　　　　　　　　　倒縫1

倒縫1.3　　倒縫1　　　　倒縫1　　　　　　　　　　倒縫1　　　倒縫1　　倒縫1.3

倒縫1　　接縫1　接縫1　　　　　　　　接縫1　接縫1　倒縫1

接縫1　　　後右　　　後左　　　接縫1

縫份1　　　　前右　　　前左　　　　縫份1

倒縫1.3　　接縫1　　　　　　　　　接縫1　　倒縫1.3

倒縫1　　接縫1　倒縫1　　　　　　　倒縫1　接縫1　倒縫1

倒縫1

接縫1

倒縫1　倒縫1

倒縫1　接縫1

接縫1

倒縫1　　　　　接縫1　　　　　　縫份1　　　　　　接縫1　　倒縫1

大襟

接縫1

接縫1

倒縫1

接縫1

縫份1.5　　縫份1.5　　　縫份1.5　　　　縫份1.5　　縫份1.5

縫份1.5

縫份1.5

图 5-27　灰蓝织金缂丝云纹蟒袍衬里毛样复原

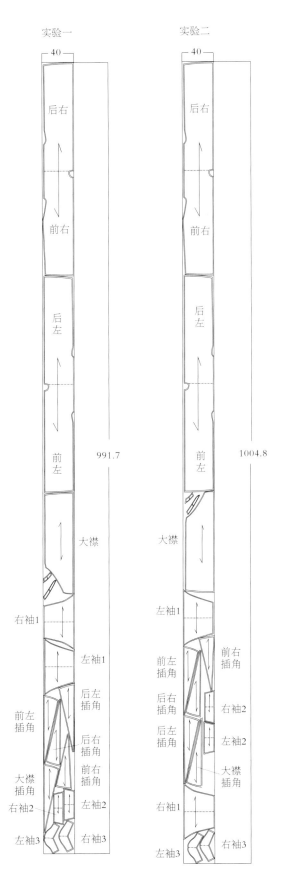

实验一 实验二

40 40

后右 后右

前右 前右

后左 后左

前左 前左

991.7 1004.8

大襟 大襟

右袖1 左袖1

左袖1 前左插角 前右插角

前左插角 后左插角 右袖2

后左插角 后右插角 左袖2

大襟插角 前右插角 右袖1 大襟插角

右袖2 左袖2

左袖3 右袖3 左袖3 右袖3

图 5-28 灰蓝织金缂丝云纹蟒袍衬里毛样排料实验

（三）灰蓝织金缂丝云纹蟒袍九团蟒纹章经营位置与十字坐标

灰蓝织金缂丝云纹蟒袍的主体纹饰为九团蟒纹各有正、行两种，分列于前胸后背和两肩处正蟒各一；下摆和里襟处行蟒各一；小蟒纹于马蹄袖正蟒各一；领及大襟缘饰五蟒纹，前后正蟒各一、其余三小蟒纹均为行蟒（图5-29、图5-30）。蟒袍等级虽低于龙袍，但据《清会典》所载和实物考证，其纹饰布局形制均仿效龙袍的经营位置。《清会典》中只在"皇帝冠服"一章中有对纹饰章制位置的描述，如"龙袍，色用明黄，领袖俱石青片金缘，绣文金龙九，列十二章，间以五色云，领前后正龙各一，左右及交襟处行龙各一，袖端正龙各一，下幅八宝立水，裾四开"[4]。该记述与北京服装学院民族服饰博物馆藏品灰蓝织金缂丝云纹蟒袍纹饰位置布局相吻合，只是其没有十二章且颜色为灰蓝，这正说明了区分蟒袍和龙袍等级尊卑的关键在于纹章规制和颜色的使用，而"团章"设计的具体数据和规划从未记载造册于官方文献中，或因其重在艺匠的内心不宜献载（匠人口传心授的传统）。

灰蓝织金缂丝云纹蟒袍，九团蟒除里襟处设一行蟒外，其余八团蟒纹符合以"十字型平面结构"为坐标两两对称的纹章规制。前后下摆四团行蟒纹A、B、H、G直径皆为21cm小于前后两团正蟒纹（依重要性分大小）。A、B蟒纹中心点距肩线垂直距离78cm，距中轴线垂直距离 20cm；H、G 蟒纹中心点距肩线垂直距离为 77cm，距中轴线垂直距离为 20cm。从数据显示，衣身蟒纹似乎并不严格符合前后左右两两对称的结构形式，这是由于衣料为软性材料，并已保存百年，故其存在变形的可能，且缂丝为人工制作，产生 1cm 的误差均属合理范围可忽略。前胸、后背 C 和 F 两团正蟒纹，横 28.5cm、纵 25cm，C、F 距前、后领口的垂直距离分别为 44cm、39.5cm。两肩 D、E 行蟒纹直径为 20cm，蟒纹距中轴线的垂直距离均为 18.5cm，且直径 20cm 的蟒纹构成的圆心恰好位于肩线上，因而两肩蟒纹完全符合以十字型平面结构为坐标的对称设计。同时，前、后下摆四团行蟒纹对角连线与十字交点刚好构成直线（三点连成一线）。里襟处行蟒纹 J 其中心点距肩线垂直距离为 80.5cm，距中线垂直距离 18.5cm，该数据说明与大襟行蟒纹 A 构成位置基本重合，因而里襟处蟒纹 J 亦在对角直线的延伸线上。可见"十字型平面结构"作为蟒纹经营位置的"准绳"完美诠释了"四平八稳"吉语如何于实物上应用。然其在严苛的封建礼制束缚下发展出如此反映人内心诉求的纹章规制，也印证了李泽厚先生在《华夏美学·美学四讲》[12]里强调的中国传统美学"礼"与人心理情感有重要关联的论述。这或许是中国"美善合一"东方哲学的生动物证（图 5-31）。

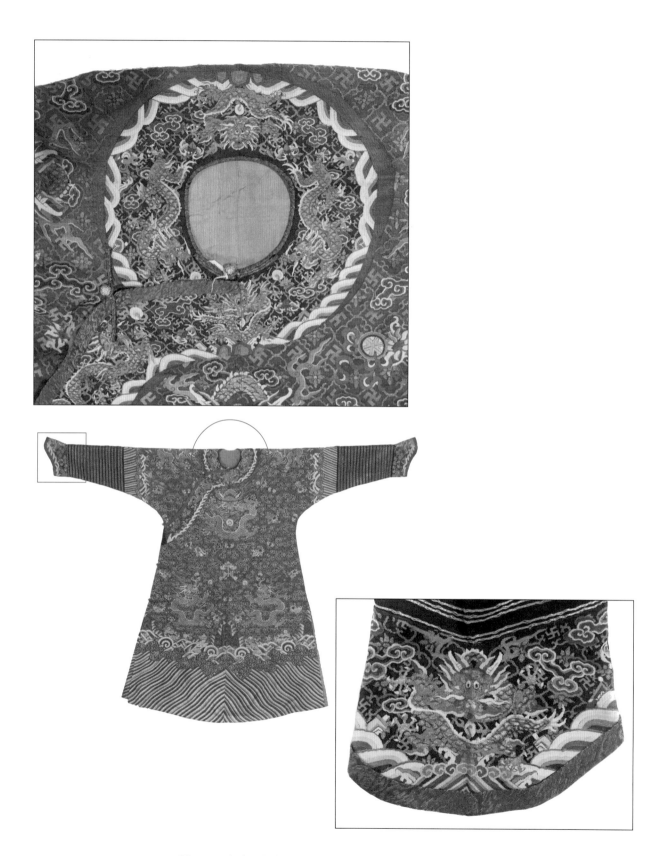

图 5-29　灰蓝织金缂丝云纹蟒袍标本——缘饰小蟒纹分布

　清古典袍服结构与纹章规制研究

图 5-30 灰蓝织金缂丝云纹蟒袍标本——里襟行蟒纹

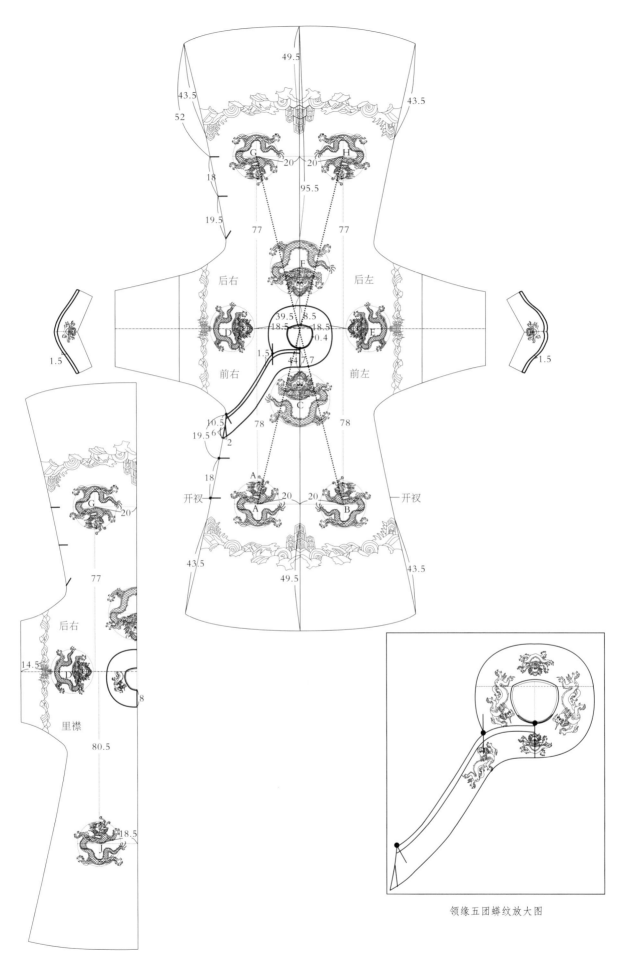

领缘五团蟒纹放大图

图 5-31 灰蓝织金缂丝云纹蟒袍九团蟒纹饰形制与坐标位置的测绘

《清会典·凡冠服之制》载，"皇子……蟒袍，色用金黄，片金缘，通绣九蟒，裾四开""皇孙以下蟒袍，均用蓝酱色""亲王……蟒袍通绣九蟒""四品官……蟒袍通绣八蟒四爪""七品官……蟒袍，五蟒四爪"[4]。可见该蟒袍为宗室之物。"九"为最大阳数，是天的象征。蟒屈于龙后，多用于帝王之外的官员袍服，以区别于皇帝龙袍而制，因而蟒袍在龙袍之下但同样形制尊贵，故"九"蟒则为蟒袍之贵，或只用于非帝王官员。八宝纹又称佛教八宝，是眼、耳、鼻、音、心、身、意、藏八种识智感悟的显现[13]，由藏传佛教的八瑞相纹衍生而来（图5-32）。云纹自商周便有，是先人在劳作耕种后对云雨产生的敬畏之心化为图案表现在服饰和器物上而流传至今，视为祥瑞之物。海水江崖纹由八宝平水纹和八宝立水纹组成，有江山一统之意。因而除主体蟒纹恪守以"十字型平面结构"为"准绳"外，蟒袍上左右马蹄袖各分布的两团正蟒，也位于肩线的延伸线即袖中线上，且袖中海水江崖纹主纹山崖石同样分布于横轴线。领缘上除里襟处蟒纹外，其余前后、左右领口处蟒纹均对应衣身的四团蟒纹，且两两对称分布。不仅如此，该件满绣的灰蓝织金缂丝云纹蟒袍其八宝纹、海水江崖纹、蝙蝠纹（衣身20只、领子6只、左右马蹄袖各4只）均呈现以前后中心线为轴线的左右对称结构。中轴线山崖石垂直高度为49.5cm，两侧山崖石沿侧缝线距底边长度43.5cm，刚好环抱八团蟒纹布局（参见图5-31）。由此可见，纹章无论大小均恪守以"十字型平面结构"为"准绳"的法则，是统治者赋予官服不懈追求"中""和"之法统的实例。至此，"十字型平面结构"在清朝前期之于服饰结构彰显"敬物"的意义较多，而至清乾隆后，"十字型平面结构"对纹章标尺作用的意义更大，从而致使清官服纹章在服饰形制发展到封建末期时变得更为刻板，纹饰分布不得不屈服于服饰结构的基本形态和礼法规范形成的对称美法则，然其对原始感性"美"的追求只能体现于纹饰内在花纹的有限变化中。因而，该纹章的法统既是古老天人合一愿望的集大成表现，也造就了封建末期禁锢的腐朽礼教所带来的对一切行为都充满"敬畏"的美，这一情形在十二章九团龙袍中可谓走到了尽头。

蝙蝠 金轮

宝瓶 白伞

图 5-32 灰蓝织金缂丝云纹蟒袍标本——八宝纹、蝙蝠纹局部

清 古典袍服结构与
纹章规制研究

参考文献

［1］ 杨天宇. 周礼译注［M］. 上海：上海古籍出版社，2007.

［2］ 杨伯峻. 春秋左传注［M］. 北京：中华书局，1981.

［3］ 徐珂. 清稗类钞［M］. 北京：中华书局，2003.

［4］ 清光绪朝石印本影印. 清会典［M］. 北京：中华书局，1991.

［5］ 王宇清. 冕服服章之研究［M］. 台北：台湾中华丛书编审委员会，1966.

［6］ 严勇，房宏俊. 天朝衣冠［M］. 北京：紫禁城出版社，2008.

［7］ 沈从文. 中国古代服饰研究［M］. 上海：上海书店出版社，2012.

［8］ 段成式. 酉阳杂俎［M］. 上海：上海古籍出版社，2012.

［9］ 宗凤英. 清代宫廷服饰［M］. 北京：紫禁城出版社，2004.

［10］ 杨伯峻. 论语译注［M］. 3 版. 北京：中华书局，2013.

［11］ 刘瑞璞，陈静洁. 中华民族服饰结构图考：汉族编［M］. 北京：中国纺织出版社，2013.

［12］ 李泽厚. 华夏美学·美学四讲［M］. 北京：生活·读书·新知三联书店，2008.

［13］ 王智敏. 龙袍［M］. 天津：天津人民美术出版社，2003.

第六章

黄绸盘金绣十二章九团龙袍与十字坐标

"十字型平面结构"作为中华传统服饰结构的基本形态，历经先秦两汉、唐宋明清几千年的王朝更迭，似汉字结构的象形历史终莫易本，源远流长，它们是巧合还是特定文化的真实反映，物质信息的历史表征是实在可靠的。诚然，衮冕十二章制几乎是汉字象形会意功能在制度和精神层面的体现，它们同属一宗，且历史同样久远，纹章制度真正体系化和汉字一样（金文）始于周，亦成为历代封建王朝礼制社会服饰等级定制，发展到清晚期，服装的"十字型平面结构"与"十二章"在国家体制的中心官服制度中依然坚挺，因而它们有怎样的内在联系？目前没有权威的研究成果。基于文献考证和清末十二章九团龙袍标本的信息采集、测绘和结构图复原研究，结合对华服制作专家、故宫博物院清代官廷服饰专家的访问和调研工作，特别是标本的研究数据表明清末官袍十二章九团龙纹是以"十字"坐标为准绳经营位置的纹章规制。该发现将拓展学界对清宫廷服饰的研究视角，并为我国传统服饰官服纹章制度和宗族吉服纹章礼制的研究找到一把钥匙。此次对黄绸盘金绣十二章龙袍标本结构与纹章关系的系统研究即试图探讨这一文献价值。

一、黄绸盘金绣十二章龙袍标本

对黄绸盘金绣十二章龙袍标本进行全数据采集、绘制和结构图复原，意在探索作为官服最高等级的十二章纹和九团龙章的设计是否与"十字坐标"有内在联系。如果有所发现会有重要的文献价值，并将以文献形式保留，作为官服结构与纹章规制关系的实物证据，也对深入拓展研究基于"十字型平面结构"的华服衣钵与章纹、织造技术、工艺等营造之间的关系具有科技史意义。

（一）黄绸盘金绣十二章龙袍形制特征

北京服装学院民族服饰博物馆馆藏黄绸盘金绣十二章龙袍标本保存完好，它与博物馆级十二章九团龙袍收藏、权威文献的出版和民间收藏的传世品没有什么区别，不同的是北京服装学院民族服饰博物馆提供样本可以做实验式的研究，这将获得一手的完整数据，首次发布。样本通袖长185.8cm、衣身长140.2cm，呈典型圆领右衽大襟形制，由里襟、马蹄袖和四开裾组成。纹饰采用九团龙纹、十二章纹、海水江崖纹、蝙蝠纹、万字纹和如意云纹满绣。主体龙纹九团❶，盘金绣有正龙和行龙两种，分别列于前胸后背和两肩处正龙各一，前后摆左右和里襟行龙各一；小团龙纹，分列于马蹄袖正龙各一，领缘前后正龙各一、两侧和襟缘三团为行龙。该形制于《清会典》载："龙袍，色用明黄，领袖俱石青片金缘，绣文金龙九，列十二章，间以五色云，领前后正龙各一，左右及交襟处行龙各一，袖端正龙各一，下幅八宝立水，裾四开"[1]。这与标本相符（图6-1）。

---

❶ 九团：此词并未出现于《清会典》的载录中。本文特指里襟内含一团纹章的吉服袍，其纹章数量明八团、暗一团故九团，是龙袍纹章特有的形制。

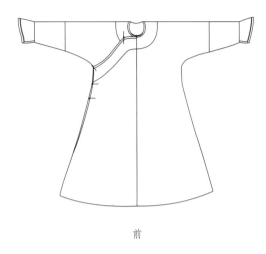

前

标本正视图

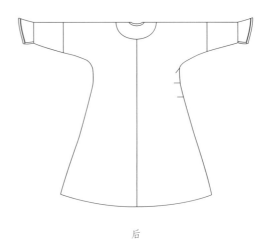

后

标本后视图

图 6-1

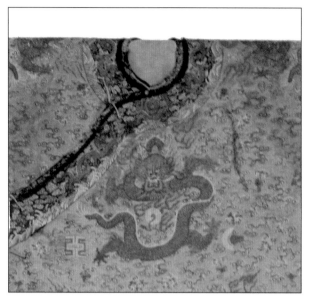

领缘、襟缘、前胸龙纹分布

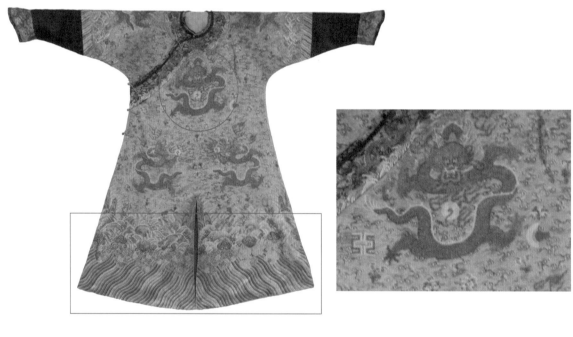

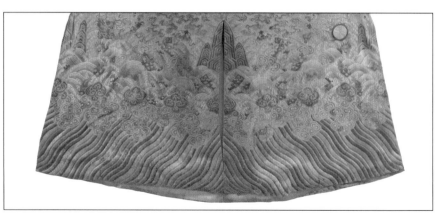

前中正龙盘金绣、海水江崖纹满绣

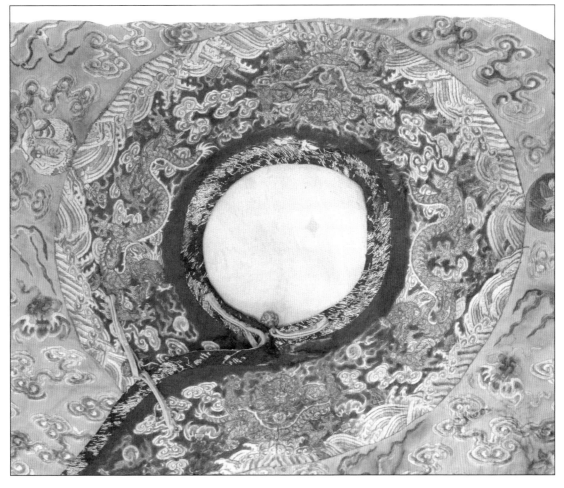

领缘前后正龙纹、左右行龙纹

图 6-1

马蹄袖正龙满绣

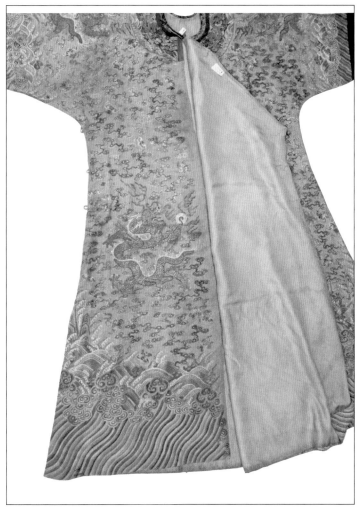

里襟行龙纹

图 6-1　黄绸盘金绣十二章龙袍标本（北京服装学院民族服饰博物馆藏）

（二）黄绸盘金绣十二章龙袍的测绘与结构图复原

　　黄绸盘金绣十二章龙袍的主结构以十字坐标为基础构架，除去马蹄袖通袖长为 161.2cm，前中线至左右接袖距离分别为 57.7cm、56cm，袖口宽分别为 15.5cm、15.7cm。以肩线为基准，前领口深 10.5cm，后领口深 1.2cm，领围约 37cm。前、后开衩长 53cm，左、右开衩长前 49.5cm、后 49cm。腋下至中轴线垂直距离约 34.5cm，因而龙袍胸部围度约为 138cm。该龙袍底摆翘量由人体肩斜所致，且适应下摆外展度，即外展量越大底摆翘量越大。因而在"十字型平面结构"的作用下，形成整体"连身连袖"状态（华服结构从先秦到清末保持的基本形态），这就形成了华服结构自古以来没有肩缝也就没有肩斜处理，但由于人穿着时受重力和人体肩斜影响自然于左右底摆产生垂量，为在穿着时底摆呈水平状态故制衣时去掉左右底摆垂量，因而衣服水平放置时呈现出与人体肩斜呈相反的起翘量，且由于通常人体肩斜左右不一致，底摆翘量亦不同。此外，里襟衣长较外衣少 3cm，是为了防止里襟外露而制（图 6-2）。

　清 古典袍服结构与纹章规制研究

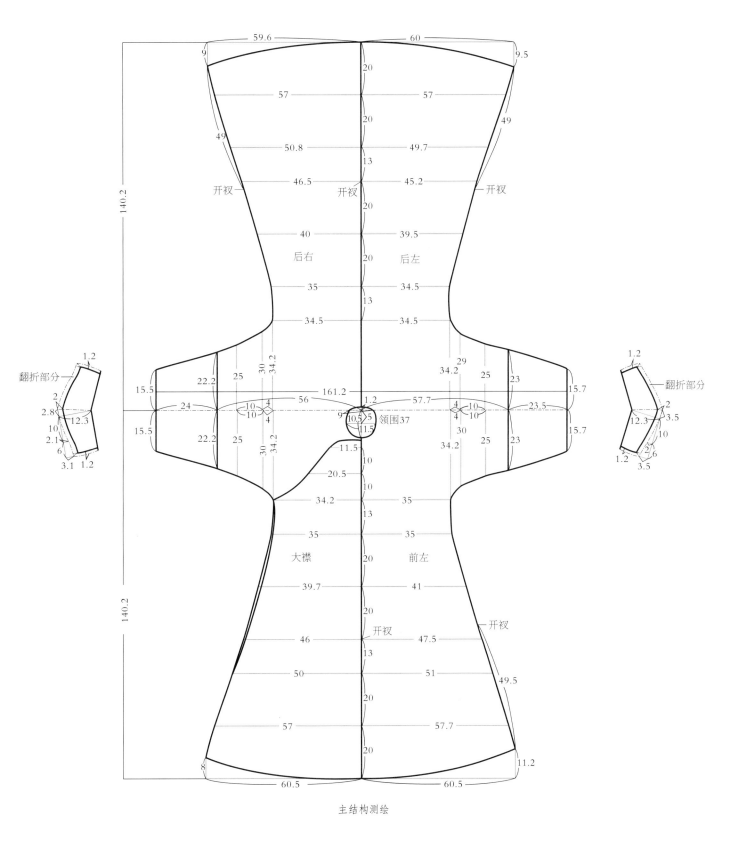

主结构测绘

图 6-2

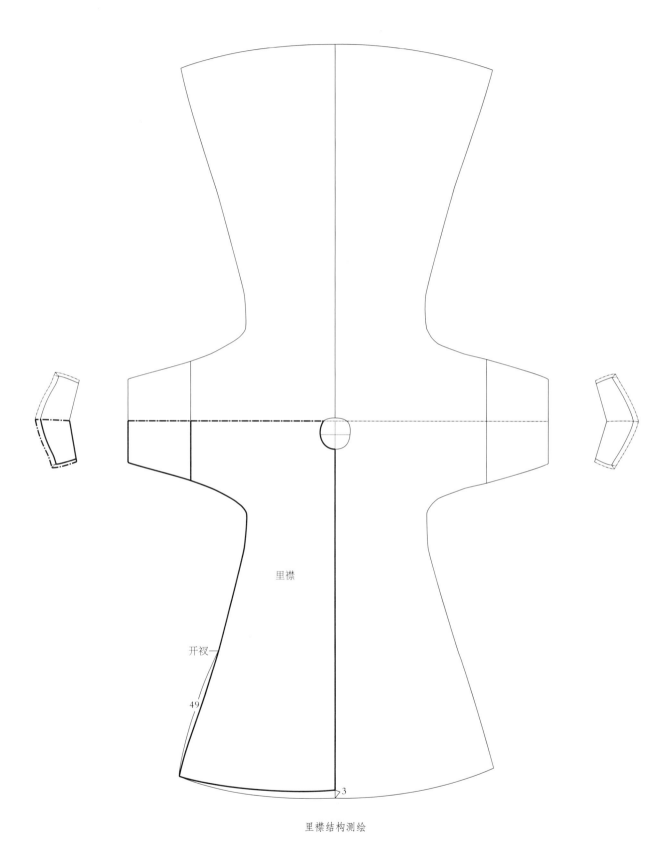

里襟

开衩

49

里襟

3

里襟结构测绘

图 6-2 黄绸盘金绣十二章龙袍结构测绘

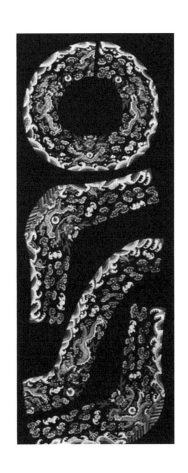

图6-3　龙袍缘饰（领缘、襟缘、马蹄袖，绣样另料单独绣片）

图片来源：高春明《中国历代服饰艺术》，北京：中国青年出版社，2009：237。

标本毛样前、后中缝缝份 2.3cm，侧缝及领口缝份约 0.5cm，两处接袖缝份分别为 1.2cm、1cm，底边缝份 0.6cm。因龙袍前、后中缝和接袖毛样为布边，故布幅宽基本可以确定为 63cm 左右，即中线到接袖线间的距离。又因清宫廷服饰中的马蹄袖、贴边等小面积刺绣用料多为单独绣样[2]（图 6-3），故此标本排料实验未将龙袍马蹄袖排入。通过毛样板排料实验所得数据，布幅确定为宽 63cm，实验一用料长 730cm，实验二用料长 725cm，依据"敬物尚俭"的传统理念，两种排料实验结果都有可能（图 6-4、图 6-5）。

比较主结构用料的规整性，衬里呈现出多拼接结构特征是基于里料布幅较窄的节俭设计，也迎合了外尊内卑的礼教美学。由此就出现了里料衣摆处有长 43cm、46.5cm、49.5cm 且宽度不等的四个补角摆。因左右接袖线距前中心 46.7cm，所得接袖线毛样处与补角摆不在一条直线上且不是布边，故衬里布幅判定为以无拼接的大襟宽度 63.2cm 为准。通过排料实验可知，实验一里料用量 49005cm^2（63.2cm×775.4cm），实验二用量 47753.9cm^2（63.2cm×755.6cm），故在布幅一定的基础上，实验二更为省料（图 6-6 ～图 6-8）。亦有可能衬里大襟用另布。

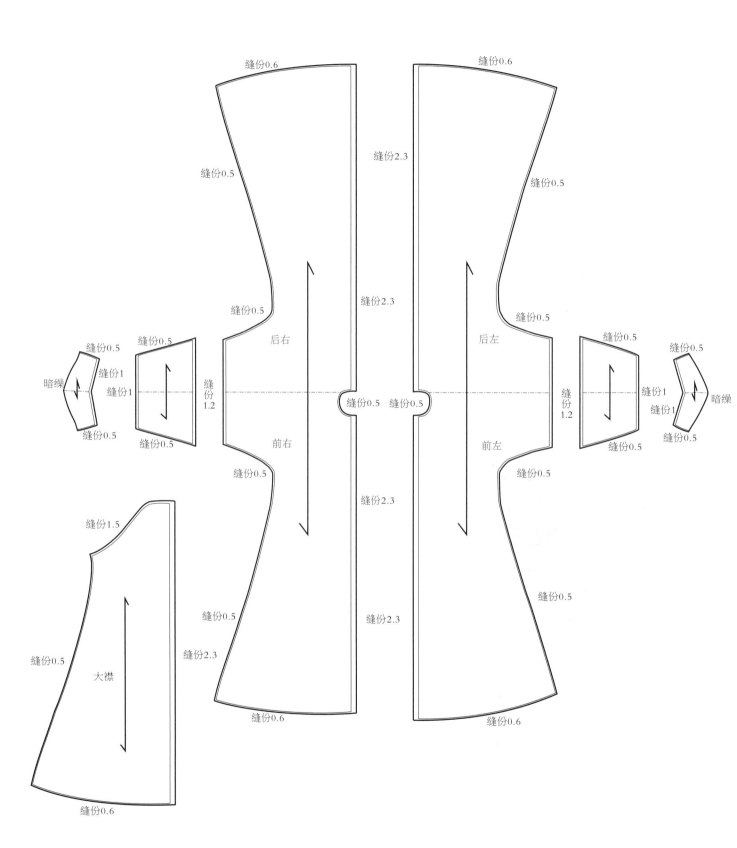

缝份0.6　　　　　　　　缝份0.6

缝份2.3

缝份0.5　　　　　　　　　　　　缝份0.5

缝份2.3

缝份0.5　　　后右　　　　　后左　　　缝份0.5

缝份0.5　　缝份0.5

暗缲　　缝份0.5　　缝份0.5　　　　　　缝份0.5　　缝份0.5　　暗缲

缝份0.5　　　缝份1　　　　　缝份　　　缝份0.5　缝份0.5　　缝份　　　缝份1　　缝份0.5

缝份1　　　　　　1.2　缝份0.5　缝份0.5　　1.2

缝份0.5　　缝份0.5　　　前右　　　　　前左　　　缝份0.5　　缝份0.5

缝份0.5　　　　　　　　　　　　缝份0.5

缝份2.3

缝份1.5

缝份0.5

缝份0.5　　缝份2.3

缝份0.5　　　大襟　　缝份2.3

缝份0.6　　　　　　　　缝份0.6

缝份0.6

图6-4　黄绸盘金绣十二章龙袍主结构毛样复原

实验一 实验二

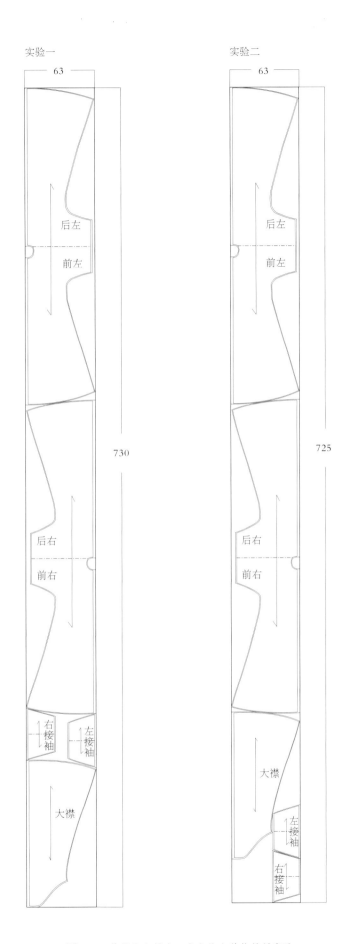

图 6-5 黄绸盘金绣十二章龙袍主结构排料实验

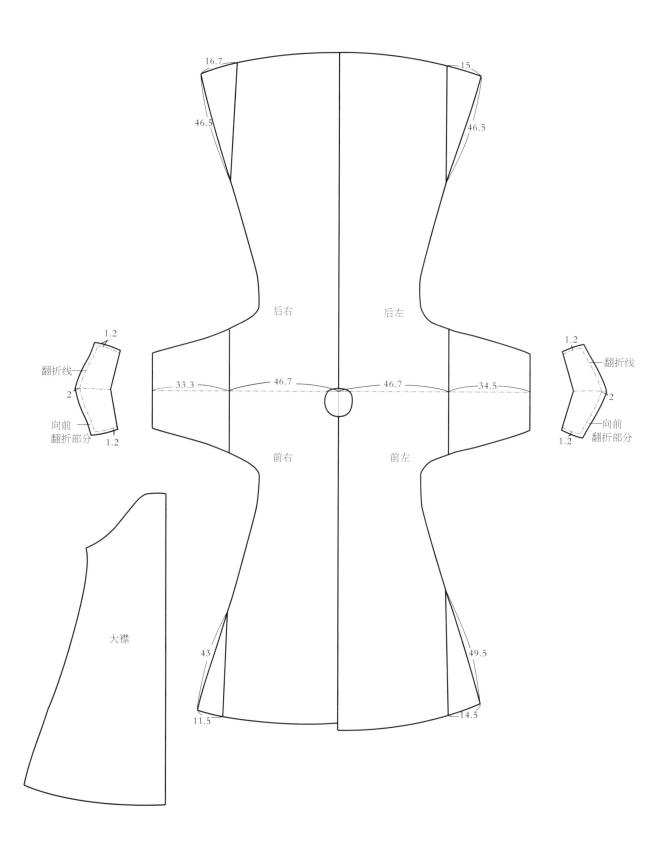

图 6-6 黄绸盘金绣十二章龙袍衬里结构测绘

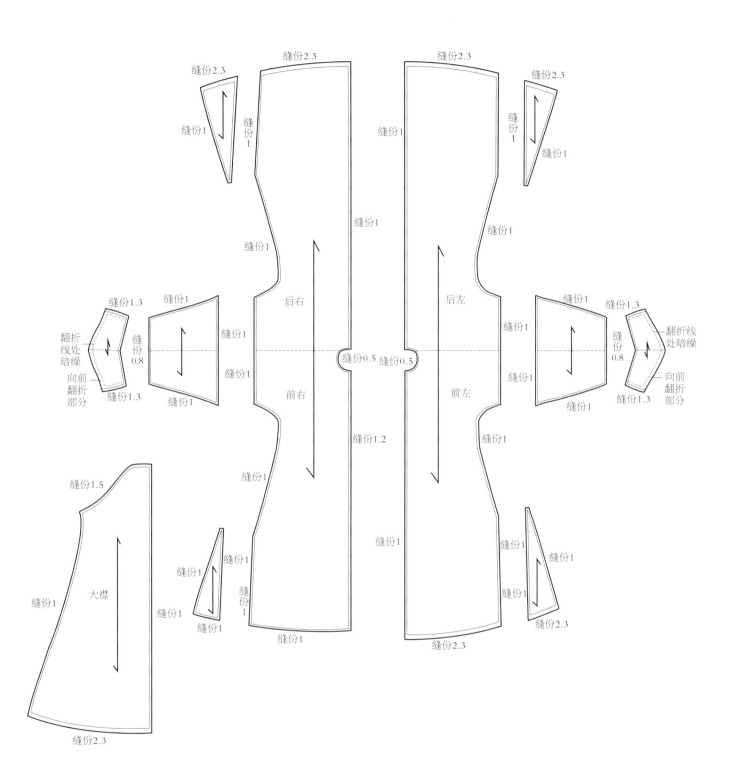

缝份2.3　　　缝份2.3

缝份2.3　　　　　　　　　　　　　　　　　　　　　　　　缝份2.3

缝份1　　　缝份1　　　缝份1　　　缝份1

缝份1　　　　　　　　　　　　　　　　　缝份1

缝份1　　　　　　　　　　　　　　　　缝份1

后右　　　　　后左

缝份1.3　　缝份1　　　　缝份1　　　　　　　缝份1　　缝份1.3

翻折线处暗缲　　　　　缝份1　　　缝份1　　　翻折线处暗缲

缝份0.8　　缝份0.5　缝份0.5　　缝份0.8

向前翻折部分　　　缝份1　　　缝份1　　　向前翻折部分

缝份1.3　　缝份1　　前右　前左　　缝份1　　缝份1.3

缝份1.2　　　缝份1

缝份1.5　　　　　　　缝份1　　缝份1

缝份1　　大襟　　缝份1　　缝份1　　　缝份1

缝份1　　　缝份1　　　缝份1　　　缝份1

缝份2.3　　　缝份1　　　缝份2.3

缝份2.3

图 6-7　黄绸盘金绣十二章龙袍衬里毛样复原

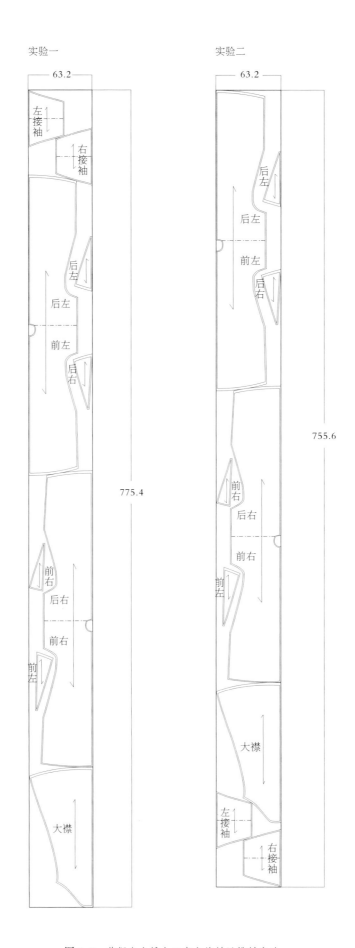

实验一　　　　　　　　　实验二

63.2　　　　　　　　　　63.2

左接袖

右接袖

后左

前左

后右

后左

前左

后右

775.4

前右

后右

前右

755.6

前左

前右

后右

前左

大襟

大襟

左接袖

右接袖

图 6-8　黄绸盘金绣十二章龙袍衬里排料实验

二、黄绸盘金绣龙袍十二章纹与十字坐标的准绳作用

十二章制度从周至清代历经近三千年的历史，其代表的天地精华是人类半蒙昧时期初建的等级社会赋予精英群体带有象征意义的标识。从一开始其作为精神依托就附有浓厚的宗族色彩，正因如此，围绕"皇权神授"践成官服章纹制度沿用于历朝历代。然而至清末封建王朝弥留之时，其仪规法度走向了使人窒息的程度。我们从这件标本纹章位置的经营于帝王服饰上的布局与"十字型平面结构"内在联系的系统研究，可以管中窥豹整个清末官服制度充满八股化的圭臬。

（一）黄绸盘金绣龙袍十二章纹与十字型平面结构

古文献和典籍所载十二章于服饰上的应用源起于周代统治阶层，其数量的多少代表了不同官阶等级，后为历代王朝官员等级的纹章铭示官场。到了清代十二章被满族统治阶层继承下来并加以规范成为官服规制的最高"法律"。清代虽为少数民族统治，但为了有效治理以汉文化为核心的广大中华疆域，儒学自然成为清王朝的官方哲学。清盛时则汉学兴，到了康乾盛世汉学的兴盛使得满族统治阶层官服制度在明朝遗留的华夏族宫廷礼制的基础上更加完善，才有了十二章纹服饰制度于乾隆后进入规范化的情况。然而，如何规界在大量的清宫文献记载中也只是简要的说明，更没有相关十二章经营位置的指引。所以通过对乾隆后十二章龙袍标本进行系统的数据采集、测绘、结构图复原等考物研究或许会有重要发现。十二章、九龙纹章与"十字型平面结构"是否存在着紧密

的联系？通过以"十字"坐标为准绳规界十二章及龙纹经营位置的实物考据，对文献的不足或许能够找到确凿的实证依据。

基于北京服装学院民族服饰博物馆馆藏道光黄绸盘金绣十二章龙袍标本的全数据采集与测绘，对十二章纹的排列与分布作精确测绘发现，唯十二章的前四章日、月、星辰、山位于十字型平面结构的中心轴线上，且日、月章纹以前后中心线为轴于肩线上左右对称分布，其中心点距十字交点水平距离为18cm，星辰、山两章中心点分别距十字交点垂直距离为19.5cm、13.5cm。龙、华虫、黼、黻四章位列其下在衣身，分别以前后中心线为轴左右中心点各相距19cm、18cm，且两两对称，龙、华虫章纹中心点距肩线垂直距离为37cm，黼、黻章纹中心点距肩线垂直距离为46cm。宗彝、藻、火、粉米最后四章列于前、后两襟处，其中心点分别距中心轴线水平距离为35.5cm、34cm，距肩线垂直距离分别为92cm、90cm（图6-9）。此数据表明，十二章纹基本呈现以前后中心线为轴左右对称的分布形式。然而，前衣身五章距肩线的垂直距离均大于后衣身相对章纹，该数据结果或与"中庸"的华夏传统审美思维有关，因十二章均列于领口饰边外，且前领口深占据前衣身上11cm的量度，后领口深只有1.2cm，故距领口越近的章纹其前后垂直距离差量越大（表6-1）。

就实物而言，十二章虽因布料弹性和穿着时间久远等原因，致使十二章分布在垂直方向没有构成绝对对称，但其受十字坐标准绳的约束意图是显而易见的。从图6-9测绘的结果来看，龙袍对角章纹连线均过十字交点，虽后片衣身龙、华虫两章有偏离现象，但量度较小，且其布局还要考

表6-1 黄绸盘金绣十二章龙袍前、后衣身十二章与十字轴线数据对比

（本表十二章按先衣后裳顺序排列）　　　　　　　　　　　　单位：cm

十二章标距	日（肩）	月（肩）	星辰（前）	山（后）	黼（前）	黻（前）	龙（后）	华虫（后）	宗彝（前）	藻（前）	火（后）	粉米（后）
距中心轴线水平距离	18	18			18	18	19	19	35.5	35.5	34	34
距肩线垂直距离			19.5	13.5	46	46	37	37	92	92	90	90
差值（前后章纹距肩线垂直距离差）			6（19.5-13.5）		9（46-37）				2（92-90）			

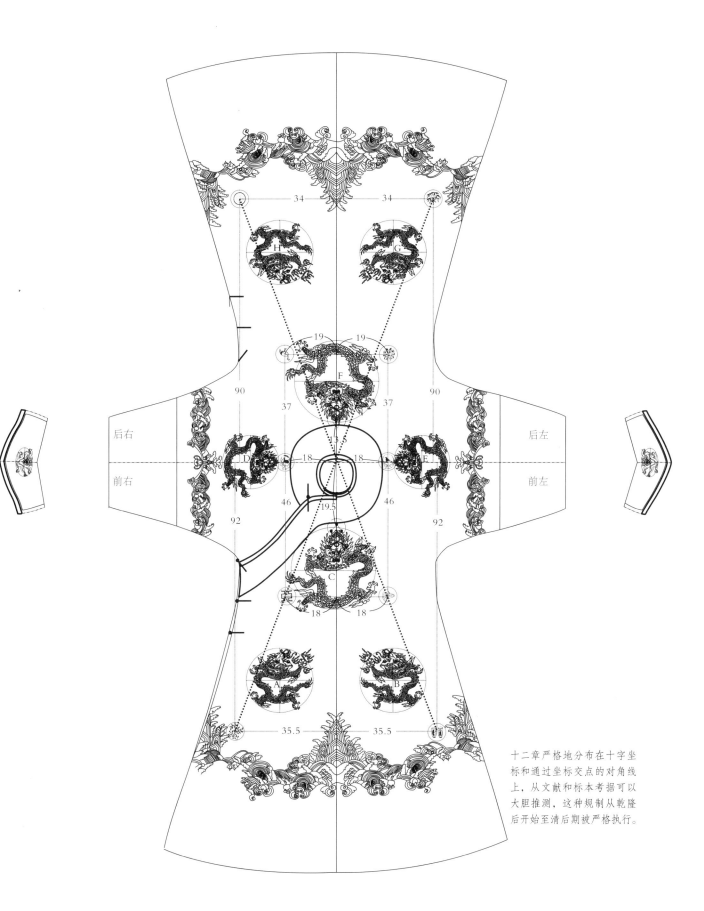

十二章严格地分布在十字坐标和通过坐标交点的对角线上，从文献和标本考据可以大胆推测，这种规制从乾隆后开始至清后期被严格执行。

图 6-9 黄绸盘金绣十二章龙袍十二章纹坐标位置测绘

虑后身的龙、华虫与前身的黼、黻伴随各自的前后团龙位置而权衡其综合布局。故十二章在十字型坐标的准绳规范下以相对对称的结构形式有序排列。然而，该结构形制初步判定最早始于乾隆年间是因为此时进行过重要修典。通过确认《清会典》修订时间❶文献所载结合实物年代分析发现，道光前的龙袍十二章纹经营位置是否严格遵循"十字坐标"的准则，即对角线施加章纹对称的设计规度还需要有考物证据，但对标本的研究，至少证明了道光以后十二章龙袍与十字坐标的准绳作用是存在实物证据的（参见图6-9）。

（二）黄绸盘金绣龙袍的十二章纹次第与寓意

据《清会典》载，皇帝朝服十二章形制"朝服，色用明黄……列十二章，日月星辰山龙华虫黼黻在衣，宗彝藻火粉米在裳"[1]，典籍虽未具体描述十二章的坐标位置，但其表述与馆藏黄绸盘金绣十二章龙袍标本吻合，且宗凤英、林业强著《朝天锦绣：昇雯阁藏明清宫廷服饰》[3]所载两件晚清典型十二章吉服袍，其十二章纹经营位置同样与标本一致，故可推断凡绣十二章纹的冠服皆按朝服十二章纹规制排列，并遵循以"十字型平面结构"坐标为"准绳"的对称分布（图6-10、图6-11）。虽然文献中没有明确表明各章的先后顺序，但从文献对十二章的记载和标本测绘图的比对，可看出十二章的读取顺序已经表明各章是根据重要性确定先后位置的，且十二章次第的排列一定和坐标线的主从关系相对应，如横标线重于纵标线，右标线重于左标线，前标线重于后标线。因此，日章在右，月章在左（观者视角），星辰章（代表天）在前，山章（代表地）在后，其他各章也依尊卑营置。

在主流的《中国服装史》中记载，周代十二章排列为日、月、星辰、山、龙、华虫、宗彝、藻、火、粉米、黼、黻[4]。明《三才图会》对御用冠服十二章的记载排列为日、月、星辰、山、龙、华虫六章在

---

❶ 此处所引《清会典》为光绪朝石印本影印，于北京中华书局出版，1991，04。

图 6-10　道光·十二章团寿龙纹吉服袍

图片来源：宗凤英，林业强《朝天锦绣：昇雯阁藏明清宫廷服饰》，香港：香港中文大学文物馆，2009：141、143。

图 6-11　光绪·十二章五色云缂丝吉服袍

图片来源：宗凤英，林业强《朝天锦绣：昇雯阁藏明清宫廷服饰》，香港：香港中文大学文物馆，2009：149、151。

清古典袍服结构与纹章规制研究

衣，宗彝、藻、火、粉米、黼、黻六章为裳。[5]《清会典》载，皇帝朝服十二章顺序为"日月星辰山龙华虫黼黻八章在衣，宗彝藻火粉米四章在裳"[1]。可见清代上衣下裳对十二章的分布有所调整，将黼黻提前是少数民族统治者"自我"权威的彰显。汉族统治的明代更强调宗族概念，因而即使朝代更迭却始终保持着前六章的次第不变。清十二章顺序的改变是统治者强化本族意志对时代要求的一种适应，同样表明纹章的经营位置在官袍"十字型平面结构"的标尺律戒中不仅没有偏离反而更加规范。

十二章中尤以日、月、星辰、山为首，不仅文献记载于前四位，且次第也始终没有改变。实物中该四章也同样位于十字型平面结构的中心轴线上。此外，对四章含义的解读同样可以说明问题。日、月、星辰，取意"明"，是人类最早观察天象变化的载体，后进入封建等级社会为统治阶层所用，取其照耀人间、皇恩浩荡之意。山，则是提供原始人类生活资源的载体，后取意稳固、皇权镇定四方。可见无论是文献记载、实物考证还是对文字的解读都足以表明日、月、星辰、山在十二章中的首要地位。它们不仅是中华先民最早认识自然和生活的载体，更是等级社会统治者标榜天地间至高无上的人文象征。因而作为天地精华的集大成者龙袍，日、月主宰世间万物生息故分布在肩线的左右两侧，寓意帝王肩负日月、勤劳持政。星辰和山是人类与自然事物的联结象征"天"与"地"，所谓"天地者，生之始也"[6]，用中心轴线（前后中心线）代表帝王"本我"将主宰生命起源的"天""地"贯穿前后，寓意帝王背负"江山"通天地，充分表明了统治者妄图亲近与征服天地自然"天人合一"的意念。

然而，将十二章列于皇帝冠服中，除其等级制度含义外还存在统治阶层对帝王、皇权的美好期许。后八章次第寓意明显。龙，为华夏始祖的图腾崇拜对象，是神兽的象征，取意变幻，寓意皇帝在处理国事时懂得审时度势，后成为帝王的化身被放大使用（见后文）。华虫，即雉鸡，原始人类活动时狩猎的对象，后又经历了夔凤的升华，与夔龙并称为中华双图腾，"青龙朱雀"亦由此而来，左为龙、右为凤成为中华文明的标志，因此"华虫"在十二章中取意文彩。黼，取意帝王处事的果断。黻，为己字向背，取意辨别、明察、背恶向善，是中华始祖对宇宙对立统一规律的抽象认识。宗彝，上绣虎纹和蜼纹原为古代祭祀器物，后取意忠孝。藻，则象征洁净，取意廉洁。火，象征光明，是原始社会改变人们生活方式的载物，取意香火不断。粉米，为白米，是原始社会农业耕作的果实，后彰显统治阶层对农桑的重视。

　　由此可见，十二章纹是中华先民最早认识自然和宇宙的十二种象征物，也是中华人文传统敬畏自然的写照。对其千年的沿用反映了中华文明对传统的敬重，是历代王朝不忘对中华本源的追溯，所谓"礼也者，反本修古，不忘其初者也"[7]。统治者将代表天地精华的十二章纹作为清帝王服饰的专属纹样，不仅是对"天道""人道"相合一[6]的极度渴求，同样彰显了先人源于自然的"敬物"理念。此外，通过对十二章九团龙袍的信息采集、测绘和结构图复原，发现十二章中除日、月、星辰、山四章后八章在十字型架构下，为右人文、左自然、前社稷、后民生的纹章规制（图6-12）。

清 古典袍服结构与纹章规制研究

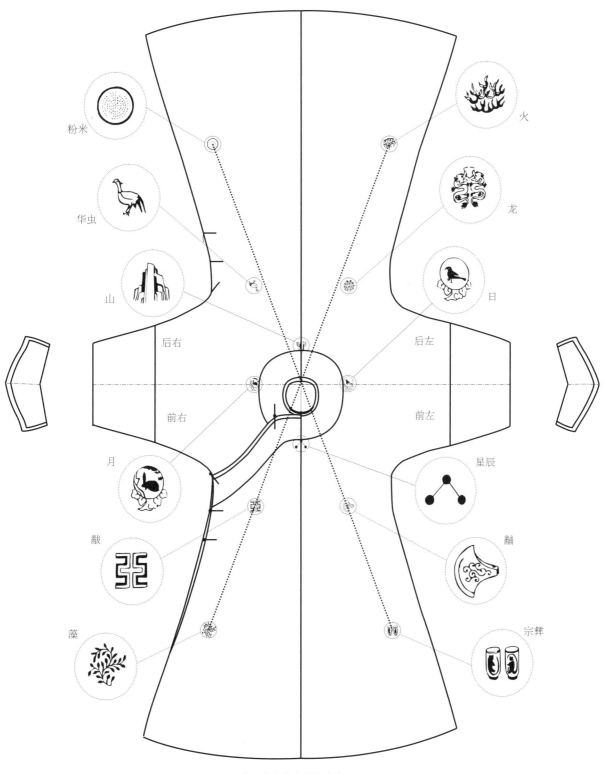

十二章纹的布局与寓意

图 6-12

月

星辰

日

黻

黼

藻

宗彝

七章正视图（对照布局图）

山

龙 华虫

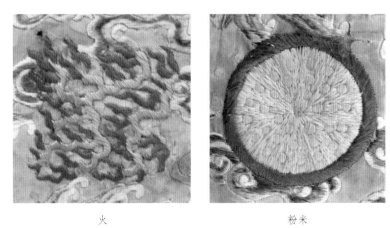

火 粉米

五章后视图（对照布局图）

图 6-12　黄绸盘金绣十二章龙袍标本——十二章纹

三、黄绸盘金绣龙袍九团龙纹、十二章纹与十字型平面结构

龙纹作为中国古代君王的标志，于历代冠服的布局均有不同，只因不同朝代有不同的治国理念，但不变的是它们都发生在帝制时代。清末封建社会形态走向没落，龙纹的使用可以用"穷尽"形容，是统治者对集权社会最后的守望。通过对黄绸盘金绣十二章龙袍的全数据测量、绘制和章纹在结构中的复原，探寻龙纹与"十字型平面结构"的关系取得了文献中难得的发现，且又获得了互为佐证的结果。

九龙纹和十二章纹作为中国古代封建帝王的象征，其代表的物象华实早已淡化了而成为万物之灵和图腾崇拜的对象，赋予君王于一身，象征天下一统的标识。明末《天工开物》载，"贵者垂衣裳，煌煌山龙❶，以治天下""贵贱有章，天实为之矣"[8]。可见，十二章纹、龙纹发展至封建社会后期其专属和集权意义大于上古的神秘色彩。但在这种专权的社会体制下产生的衣冠服饰制度愈加刻板，却使纹章排列布局出现了极大的尚神遗风，这种脱离与不自觉的返古是探寻清末十二章纹、龙纹

---

❶ 煌煌山龙：指古代高贵者衣服上所装饰的山、龙等华丽图案。典出自《尚书·益稷》。

与"十字型平面结构"的有力依托，同时昭示了封建体制弥留之际的回光返照。

（一）黄绸盘金绣龙袍九团龙纹与十字型平面结构

北京服装学院民族服饰博物馆馆藏道光黄绸盘金绣十二章九团龙袍与灰蓝织金缂丝云纹九团蟒袍有异曲同工之妙，它们都是晚清官服中极具代表性的经典之作（参见图5-31和图6-9），所不同的是九团龙和九团蟒的区别，虽九团龙伴有十二章纹，是为了标识等级以示区别，但在九团纹章的设计规范上却采用的是同一套法度。标本九团金龙除里襟处行龙外，其余八团均符合以十字型平面结构为坐标两两对称的纹章规制。前、后下裳的四团行龙 A、B、H、G 直径均为 24cm。A、B 行龙中心点距肩线垂直距离为 74.5cm、距中轴线垂直距离为 20cm，H、G 行龙中心点距肩线垂直距离为 72cm、距中轴线垂直距离为 20cm。从数据显示下裳行龙团纹似乎并不严格按照前后对称的原则，然而这是由于人体前后的布料对称致使领口量度集中在前身的结构所致，故该状态是依据拥有者穿着后符合礼法的视觉要求。此外，标本属于传世品已保存百年或存在变形的可能，但可忽略。故下裳四团行龙数据仍可视为以十字型结构为坐标前后左右两两对称的结构形制。前胸、后背两团正龙 C、F 整体尺寸横 30cm、纵 28cm，C、F 正龙两团中心点距肩线的垂直距离分别为 37cm、28cm，且龙头位于中轴线上。两肩正龙 D、E 尺寸横 20cm、纵 18cm，D、E 两团中心点距中轴线的垂直距离均为 30cm，因而两肩正龙完全符合以十字型平面结构为坐标的对称设计。前、后下裳的四团行龙虽然不可能分布在十字线上，但对角行龙与十字交点刚好连成一条直线，且里襟处行龙 W 中心点距肩线垂直距离为 73cm，距中轴线距离为 20cm，该数据说明与大襟处行龙 A 基本重合，因而里襟处行龙分布在与后身对角龙纹连线的延伸线上，且过十字交点。可见，十字型结构坐标作为龙纹经营位置的准绳刚好诠释了"四平八稳"吉语赋予帝王"江山永固"的美好愿望（图6-13）。

除主体九团龙纹恪守十字坐标外，小团龙纹有两组七个也以十字坐标为准绳分布。标本左、右马蹄袖各分布的两团正龙也位于横轴肩线的延伸线上，且袖中的海水江崖纹主纹山崖石亦在横轴线上，纵轴线贯穿前后下摆海水江崖纹主纹山崖石。领缘一组为五团龙纹，除大襟缘有单独的行龙外，其余前后领缘两正龙与左右两行龙均呈两两对称分布。且前后中心线处山崖石垂直高度为 52.5cm，两侧山崖石分布在沿侧缝线长 51~52cm，对前后摆四团行龙形成环抱之势。可见，龙袍纹章无论大小均恪守以十字坐标为准绳设计的原则（图 6-13）。此外，分布于龙纹四周的万字纹均以龙纹为中心坐标旋转排列。故作为最高等级官服的龙袍纹章，以"十字"坐标为准绳的对称分布形制，可以看出帝王"自我"神化的愿望伴随着一整套礼法机制，寓将万物由上天神授予"我"一身的执念，才合乎法理。因此，除代表"自我"的九团龙纹外，十二章及其他纹饰在这其中均不能越雷池一步。

（二）"九龙"寓龙袍"九五之尊"

孔子用"龙德而隐者也""潜龙"比喻君子，作为君子有美好的才德知隐敛，有坚韧不拔的志节可视为潜龙的品格，而天地之大有此品德者帝王应为其首，可见"龙"作为帝王的化身自古而习。然"九"在《周易》中为最大阳数，于乾卦载"用九，天德不可为首也"，"用九"为"用九之吉"的省文[9]，天际运行故不能有穷尽，因此"九"于统治者谓之无穷无尽的吉卜。然其作为纯阳全盛，有"乾元用九，天下治也"[9]之说，"乾元"即美德至九，能及时变通，不致盈满颠覆，故有帝王用"九"寓无为而天下治之意。

九龙纹于帝后服饰的使用，昭示了历代君主其坐拥的江山社稷于中华统治阶层自承一脉的正统伦理。其位置布局之巧妙寓意帝王"九五之尊"：龙袍通衣裳布九龙，领缘布五龙，即九五之制在清代袍中并行不悖。通九龙规制亦有九五之意，在九龙设计中必有四正龙五行龙，整装后肩部两龙纹于前后均可见，使得龙袍于穿着状态下前、后两面都有五条可视龙

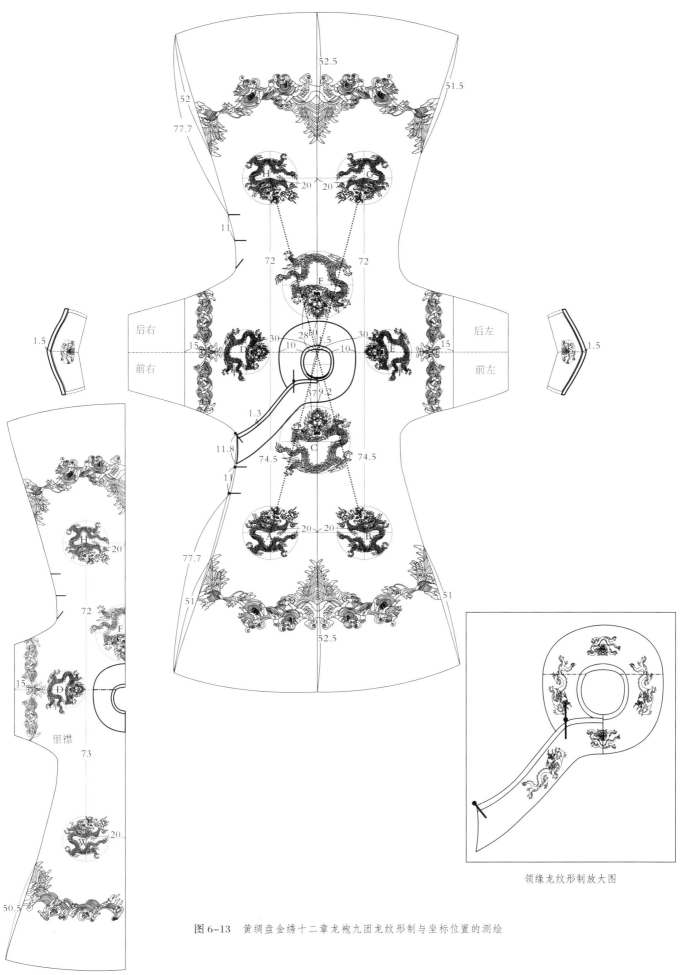

52.5
51.5
52
77.7
11
H
C
20 20
72 72
F
后右
后左
前右
前左
1.5
15
D
30 28.5 30
10 5 10
E
15
1.5
379.2
1.3
11.8
11
C
74.5 74.5
77.7
A
B
20 20
51
51
52.5

里襟

H
20
72
F
15
D
73
20
50.5

领缘龙纹形制放大图

图 6-13 黄绸盘金绣十二章龙袍九团龙纹形制与坐标位置的测绘

纹，故其与全身九龙构成"九五"吉语，暗含"九五之尊"的寓意，恰好与"九五曰：飞龙在天，利见大人"[9]不谋而合。《周易》讼卦载"九五：讼，元吉"，即九五居中得正，喻诉讼❶适可而止，则可获吉[9]。可见，统治者运用上古的"隐敛"哲学塑造皇家的正统与威严，于几千年成为主流官方伦理❷不曾改变。这一切在标本中皆有隐寓（参见图6-13）。

（三）黄绸盘金绣龙袍十二章、九团龙纹坐标系统与十字型米字结构

据《朝天锦绣：昇雯阁藏明清宫廷服饰》载，清中晚期两件十二章吉服龙袍和北京服装学院民族服饰博物馆所藏标本道光黄绸盘金绣十二章龙袍各自还原"十字型平面结构"图并进行章纹提取研究发现，日、月、星辰、山四章与十字型中轴线处四团正龙C、D、E、F龙头一一对应，分列于"十字"中轴线上，分别距"十字"交点垂直距离18cm、18cm、19.5cm、13.5cm。藻、宗彝、火、粉米与前后下摆四行龙A、B、G、H一一对应，并靠近侧缝，距肩线垂直距离92cm、90cm，距中轴线垂直距离35.5cm、34cm。黼、黻、龙、华虫两两分布于前后正龙C、F侧下方，距肩线垂直距离46cm、37cm，距中轴线垂直距离18cm、19cm。由此位置布局十二章纹与主体龙纹呈现出环绕包围式关系，寓意将天地精华环绕赋予"我"，且在不计制作误差和变形量的基础上，十二章纹在"十字型平面结构"的"准绳"作用下保持相对对称的分布形态。

此外，十二章纹、龙纹对角连线与"十字"坐标构成米字结构，这与华夏上古先民的八卦图结构可谓殊途同归。因先天八卦❸将其代

❶ 讼：指决意者、断案者。引自陈鼓应、赵建伟注译的《周易今注今译》，北京：商务印书馆，2012，11。

❷ 从周易"天人合一"的宇宙观到老庄的"无为而治"，再到孔子的"仁政"，他们的共同之处就是崇尚"隐敛"哲学，并成为几千年王朝更迭必须继承和标榜的伦理正统。

❸ 先天八卦：《周易·系辞》载："易有太极，是生两仪，两仪生四象，四象生八卦。"该过程即产生先天八卦，又称伏羲八卦。

表的天、地、山、泽、雷、风、水、火分成四对表述关系，乾坤两卦对应为"天地定位"，恰好对应十二章中轴线上代表天地二章的星辰和山。《彖传》❶讲震卦表震动，得以亨通。两巽相叠故以重申教令，阳刚顺从中正之道而使志意得以实行，阴柔顺从阳刚，所以阴柔亨通并利参谒大人、干禄与君上而得赐福[9]。而震巽卦为"雷风相薄"，震为雷居东北，巽为风居西南。因而，震卦对十二章中蛟龙出风火、雷动生阴阳得黻之宇宙相对论，其为君王申教令、行政事兼以纯良为德。艮兑两卦意为"山泽通气"的关系，因艮兑与震巽卦为卦爻翻覆、相对关系，而震巽两卦对应十二章中代表自然的藻、黻、龙、火四章，故艮兑二卦对应宗彝、黼、华虫、粉米人文四章。坎离两卦为"水火不相射"，《象》❷曰：明两作，离；大人以继明照于四方。离之意象为光明重叠振作，大人故有连续不断的光明照临天下[9]。而坎离二卦为卦爻相对关系，故离为日居东，坎为月居西，刚好对应日月二章，为水火不相熄的关系。先天八卦以建立两两互异事物解释此消彼长、相克相生的世间规律得出阴阳对论，同样解释了十二章于帝王吉服位置分布的依据。然其盘旋于本体周围似一道符咒佑天子一朝太平，而十二章的相对结构与龙纹构成的米字型恰是先人自然崇拜、图腾崇拜、太阳崇拜交融的显现。同时，十字交点恰好位于颈部，颈上为首善，按黄帝内经的说法谓"命门"，因而将章纹贯穿于"命门"之下足以体现统治者为"自我"塑造的神化（九龙），它的前提就是赋予了天地精华（十二章）。尽管其承载着古老华夏天地玄黄的想象和智慧，然而极端彰显的封建社会礼制下的极奢追求，"皇权至上"的正统伦理和渗透着巫教的"天穹观"终究被辛亥革命自由、科学、民主的浪潮送进了历史而寿终正寝（图6-14、图6-15）。

---

❶ 《彖传》：为《易传》中的一部分，是解释六十四卦卦辞的，分《上彖》《下彖》两篇。
《彖》曰："震亨，震来虩虩，恐致福也。笑言哑哑，后有则也。震惊百里，惊远而惧迩也。不丧匕鬯，出可以守宗庙社稷，以为祭主也。"
《彖》曰："重巽以申命，刚巽乎中正而志行。柔皆顺乎刚，是以小亨，利有攸往，利见大人。"
❷ 《象》：即为《象传》，亦是《易传》中的一部分，其分《大象传》《小象传》。

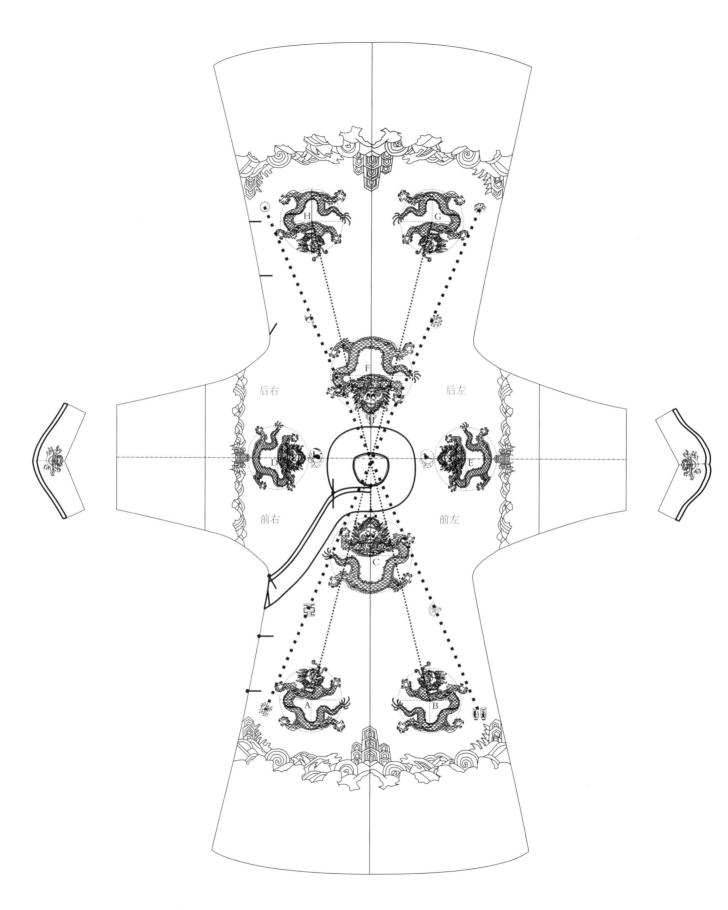

图 6-14　黄绸盘金绣十二章龙袍九团龙纹、十二章纹坐标与十字准绳关系的呈现

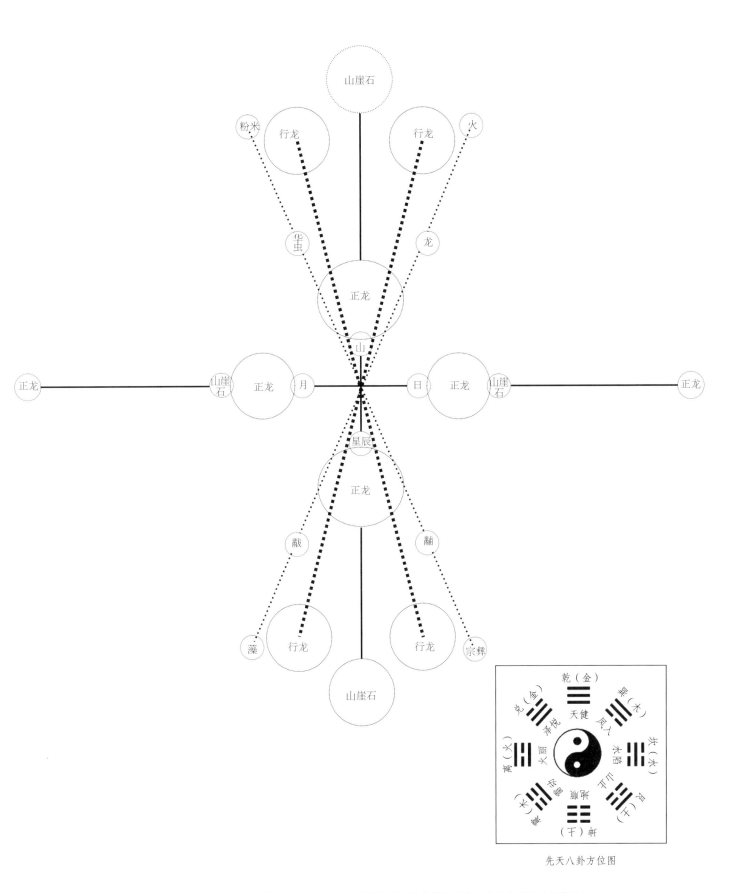

图 6-15 十二章与九团龙纹坐标以十字为准绳的米字结构实测分布（按标本测绘数据复原）

纵观清末官袍纹章两团、四团、八团、九团十二章的经营位置与
"十字型平面结构"的"准绳"关系，从来就不是一个单纯的裁剪标
尺，它的精神和制度意义远大于它的艺匠意义。作为清末统治者服饰纹
章的坐标设定就像《易传》阴阳概念中的"阴"，起指引作用，系纹章
之骨架，或隐藏在艺匠的智慧中；十二章与九团龙纹及其相关纹饰似
"阳"，为外在标识，强调依规在视觉中有等级制度的彰显。因而，将
象征天地精华的十二章与华夏图腾龙纹相伴相生且以八卦图式结构独揽
于帝王服饰之中，以昭示"天人合一"和"皇权神授"的礼制权威，达
到清前历朝历代不能企及的高度，这就决定了它一定有一套适合的工艺
流程和技术手段的营造机制。

参考文献

[1] 清光绪朝石印本影印. 清会典［M］. 北京：中华书局，1991.

[2] 高春明. 中国历代服饰艺术［M］. 北京：中国青年出版社，2009.

[3] 宗凤英，林业强. 朝天锦绣：昇雯阁藏明清宫廷服饰［M］. 香港：香港中文大学文物馆，2009.

[4] 袁仄. 中国服装史［M］. 北京：中国纺织出版社，2005.

[5] 王圻，王思义. 三才图会［M］. 上海：上海古籍出版社，1988.

[6] 李泽厚. 中国古代思想史论［M］. 北京：生活、读书、新知三联书店，2008.

[7] 王文锦. 礼记译解［M］. 北京：中华书局，2001.

[8] 宋应星. 天工开物译注［M］. 潘吉星，译注. 上海：上海古籍出版社，2007.

[9] 陈鼓应，赵建伟. 周易今注今译［M］. 北京：商务印书馆，2012.

第七章

"先绣后缝"与
十字坐标纹章经营的
机制

维系清代官服严苛的纹章规制除了其"制度建设"外，还有一整套区别于民间系统，独立而专属的营造体制，当然它的工艺流程、技术手段也是严苛的。可见"制度建设"和营造体制是不可能孤立存在的，而且这个传统自古以来就是封建体制重要的组成部分，它随着封建王朝的兴衰而改变。清中早期就有京师织染局和江南三织造同为皇室御供丝织品，其初建于顺治年间且继承明朝遗制，经过康乾盛世的发展，专供皇家的织造机构也进入了最辉煌的时期。至清末，由于国家财力匮乏，御用丝织品供应处就只剩下江南三织造了。宗凤英于《清代宫廷服饰》中提到同治四年苏州织造臣锡祉的奏折中述，"窃查苏州织造衙门向有南北两局，额设花素机六百六十三张，织匠杂役等两千余名，挑花匠二十名，倒花匠二十五名，画匠二名，自逆匪占据苏城以后，及局房屋机张器具，及花本等项，件件皆遭毁，皆无存"[1]。由该数据可见，当年仅苏州一处织造衙门匠作人员就已达到了近三千的规模，若加起江宁、杭州，及京师织染局其人数过万亦不为过，而这些人均为织造皇家服饰服务，除每年特供皇室制定数量的丝织品外，佳节朝礼还需特奉稀有名贵的丝织品[1]。可见清朝皇室所用丝织品数量之庞大不可想象。

然而，在清代庞大的织造系统中，丝织品从面料到衣服再穿到各路官员的身上，其间面料和所绣章纹将经历怎样的制作流程？是制成成衣再绣章纹？还是在布料上绣好章纹后再制作成衣？它们与"十字坐标"裁剪方式有没有联系？有无礼制作用？皆值得探讨。现存各路文献虽有对袍料、图样和官袍实物进行记述，但并无对其制作流程、技术手段的分析，更缺少与中华古典服饰"十字型平面结构"结合进行系统详尽的实证研究成果。

此次实证研究一个重要的契机是北京服装学院民族服饰博物馆所藏清末石青芝麻纱八团女吉服半成品袍料的发现，故有机会对其进行深入的实验研究，得出了"先绣后缝与十字型坐标经营纹章的机制"理论，为清官袍十字型平面结构成为纹章布局的准绳理论找到了实物证据，这对清末官袍纹章与十字型平面结构的"准绳"作用可以准确的实施提供了一个确凿的物质和技术基础。因成品衣服几乎不可能精确地将繁复的纹章有效的确定位置，因而"十字坐标"只有在平整条件下才可以准确定位，先绣后缝便成为它的基本工艺流程。

一、从袍料到官袍"先绣后缝"的文献考证

　　弄清楚章服制作是先缝后绣还是先绣后缝有什么意义？作为素服无关紧要，但作为章服却意义重大。因为章服的纹章经营位置如果严守礼法的话，"先绣后缝"就可以在制成成衣之前展平布料，精心细致的规划纹章的布局，"严守礼法"就不是一句空话，这或许是以生命为代价的。因此，只有"先绣后缝"才有可能有效地运用十字坐标的"准绳"工具。这或许源自上古就有的"图术"，《史记·夏本纪》记载夏朝开国之君禹所绘铸《九鼎之图》，"陆行乘车，水行乘船，泥行乘橇，山行乘檋。左准绳，右规矩，载四时，以开九州，通九道，陂九泽，度九山。"可见古代绘制地图和车舆有关，就有了西汉的《舆地图》、明代的《广舆图》、清康熙的《皇舆全览图》。历代的《舆服志》便成为历朝体制内的官制，"准绳""规矩"则是舆服制章修章的工具。因此，"先绣后缝的纹章经营机制"有其古老的传统且不缺文献支持。

　　根据北京服装学院民族服饰博物馆所藏清末石青芝麻纱八团女吉服半成品袍料所提供的线索对文献进行了考证，使"先绣后缝与十字坐标纹章经营机制"的理论得到了实物与文献的互证。清代官袍制作所涉及的官员、匠人、杂役等全部交由内务府负责，内务府自康熙朝至清中晚

期，府内除设七司、三院外，还另设部分新机构直属内务府管辖，少数仍归七司、三院。涉及织造方面的主要有江南三织造和京师织染局。于京外设江南三织造分布于江宁、苏州、杭州，因三地故称三织造，且设织造官三人，每年负责织造"官用""御用"衣料布匹和指定官服。按广储司缎库和衣库拟定花样、颜色和数量进行生产[2]。根据地域原料、技术、规模和工匠技艺的优势特色，三织造分工略有所不同，江宁织造（今南京）主要负责云锦、妆花缎的织造，规模之大为三织造之首；苏州织造负责刺绣、缂丝、漳绒；杭州织造负责绸、纱、绫等匹料。京师织染局在康熙三年改属内务府，负责织染绸缎、氆氇等。道光朝撤织染局，光绪朝设绮花馆负责织染绸缎[2]。此外，宫廷内还设衣作、绣作等官服造办机构。《清会典·内务府》记载，宫内有"曰衣作。成造冠服等事。设八品司匠两人，拜唐阿领催五人，裁缝匠一百六十二人，毛毛匠八十一人，帽匠三十人，絛匠三十九人。召募裁缝匠一人……绣匠一百三十五人，捺匠三十二人。召募绣匠四，曰绣作。绣造服御赏用领袖补服荷包等事，设无品级司匠一人"[3]。由此众多匠作人数造册，可见清代宫廷官服制作机构之庞大复杂。

然皇室服饰中以帝后服饰制作过程最为繁复，沈从文先生曾提到清帝王龙袍由当时如意馆工师精密设计做出图样，经皇帝亲自审定认可后，派专差急送南京或苏杭织造，由织造监督，计算出各道工序，每件衣服用料若干、用工若干，有的面积以方尺计，金银线以若干绞计，金银缕丝以若干万条计，色丝以斤两计。做成后，即要做详细报告，严密装箱，按时派专官护送到京。而制作工序之复杂，耗时之长，"一衣动必经年方能作成"，仅"一件袍料就有费工到一百九十天的"[4]。然而，其织绣之奢侈华丽，也为前朝鲜见。

关于帝后服饰的设计图样可以说是服制的"图术"，时至今日故宫博物院仍有藏本3000余件，有大样和小样之别，大样即与衣服等比例的1:1图样，小样即按比例缩小的图样，宫中多留存小样归案，因小样需绘制两份，宫中留存一份，发往织造处一份。图样上一般写有提供给三织造的袍式名称及款式字样，如"无水八团龙袍前式""无水八团龙袍后式""照式样明黄缂丝四件明黄江绸细绣五件明黄实地纱细绣一件明黄芝麻地纱细绣一件明黄直径地纳纱一件"[5]，皆按字样制衣。殷安妮在《于无声处蕴经纬——彩绘服饰小样、刻纸式图样及上谕档案》一文中提到，小样为设计原稿，获准织造后，再制作出原大样。而原大样因要发往三织造进行织造和刺绣，由匠人制成意匠图或做刺绣底料，绣娘将原大样描摹在底料上进行刺绣，所以很难保留下来[6]，小样便成为记录它们技术流程的重要图像文献（图7-1）。从文献记载和留存的设计图样来看，无论是大样还是小样很容易误认为，纹章绣品是在制成成衣后进行的，即先缝后绣。从相关文献发表的袍料标本来看，有表现出先绣后缝的流程，并与文献记载"做刺绣底料""绣娘将原大样描摹在底料上进行刺绣"相吻合（图7-2）。

然而，当我们没有对实物标本进行实验研究时，作"先缝后绣"或"先绣后缝"的结论都是不准确的。从文献上看，正因清宫有了设计图样，下属织造机构才有了参照的范本进行织造，所织造之物先为袍料按图样刺绣而后制成衣，但更细的流程和工序是不可能被记录下来的。因为古代的中国制衣先人多作匠人之位，皆以口传心授之法传承织造技艺，从袍料刺绣到成品制作工序的先后过程，所用材料、绣品技法、裁剪工序和制作成衣的流程鲜有文献留存于世，即使皇家三织造也尚未发现官方的制衣理论文献。而像《天工开物》这样的古代技术文献也很难觅求艺匠细节设计的方法，这与中国传统技艺不留证据的"口授宗传"意识有关。因此实物标本考证便成为关键，以北京服装学院民族服饰博物馆馆藏石青芝麻纱八团女吉服料做实物考据，探寻清官服纹章绣工、裁剪和制作流程的古法，将对文献的不足提供一手材料。

清·皇后无水八团龙袍图样（小样）

清·皇帝衮服金龙褂图样（小样）

图 7-1　清宫服饰图样

图片来源：严勇、房宏俊、殷安妮《清宫服饰图典》，北京：紫禁城出版社，2010，06：20-97。

清古典袍服结构与纹章规制研究

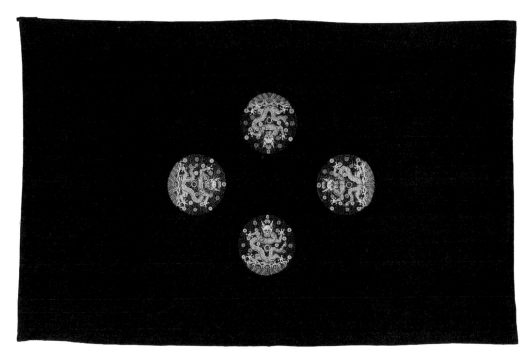

乾隆·石青色缎缉米珠绣四团龙褂料（全幅）

乾隆·明黄色缎地缉米珠绣龙袍料（前幅）

乾隆·酱色缎地缉米珠绣云龙袍料（前幅）

图 7-2　清宫袍料

图片来源：严勇、房宏俊、殷安妮《清宫服饰图典》，北京：紫禁城出版社，2010，06：21-87。

二、石青芝麻纱八团女吉服料实物考证

北京服装学院民族服饰博物馆馆藏石青芝麻纱八团女吉服料为吉服袍或吉服褂成衣前的半成品，这说明它并不是单纯的袍服匹料，而是根据图样设计将纹章绣罄的袍料。像这样的绣品袍料流传到民间的很多，寻访清末服饰收藏家何志华先生时亦有幸见到。这从一个侧面证明了绣品袍料是清末官服普遍的一种保有形态，或许也证实了"先绣后缝"是纹章官服的基本制作流程。如果绣罄的袍料还不足以确认的话，可以先看看故宫的藏品情况，从故宫博物院官方发布的文献和展藏中所见袍料藏品众多，皆未制作完成，重要的是与袍料对应的还有装放袍料的盒子，此类盒子皆以名贵木料制成，如小叶紫檀等，并上附"上用龙褂""万寿无疆""雪灰江绸细绣大墩牡丹加品月圆寿字旗衬衣面一件"等字样。所见上用之物中即使为装置半成品袍料的盒子亦名贵之极。可见，这是官服的收存方式，是清代以"天朝上国"之名呈现官服制度的一种写照（图7-3）。孙中山先生曾说"国者人之积也，人者心之器也"[7]，正说明"器用传统"的重要。与此同时，这种收存方式明显注明绣品袍料的章纹名称同样表明刺绣在先、缝制在后的制衣工序，那么这样的工序有什么意义？通过实物标本的实验研究或许能找到答案。

清古典袍服结构与
纹章规制研究

清·贴签"雪灰江绸细绣大墩牡丹加品月圆寿字旗　　　　　　清·黑漆描金团龙衣料盒
衬衣面一件"衣料盒

图 7-3　清宫衣料盒

图片来源：严勇、房宏俊、殷安妮《清宫服饰图典》，北京：紫禁城出版社，2010，06：57-271。

（一）石青芝麻纱八团女吉服料形制特征

石青芝麻纱八团女吉服料为北京服装学院民族服饰博物馆藏品，2004 年 7 月收于北京。它是一件馆藏为数不多的清中晚期绣品吉服褂料，遗憾的是没有收藏匣。章纹形制由菊花团纹、海水江崖纹、万字纹组成，且已基本刺绣完成。整件褂料尺寸为 150cm×306cm 的长方形，由两块 75cm×306cm 的芝麻纱料拼接后再补绣而成。褂料主体章纹由直径为 28~29cm 的八个菊花团形纹样组成，其中七团为整绣，唯前胸一团是左右半团绣，这说明为适应对襟的工艺方法，也以此证明该标本为吉服褂料 ❶（图 7-4）。

---

❶　清末民初，袍和褂在结构形制上基本定型，袍为圆领大襟，是从交领大襟演变而来；褂为圆领对襟，是从一字领对襟演变而来。在清末官服习惯中，袍和褂可单独穿用，也可组合使用。组合使用时，褂套在袍外，且套穿比单穿以示尚礼。

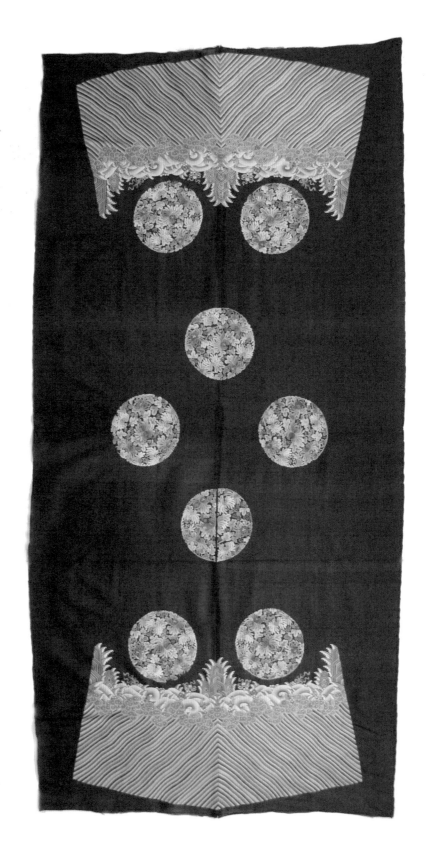

图 7-4　石青芝麻纱八团女吉服褂料标本（北京服装学院民族服饰博物馆藏）

　清 古典袍服结构与 纹章规制研究

（二）石青芝麻纱八团女吉服料纹章的测绘与结构图
复原

石青芝麻纱八团刺绣吉服料整体尺寸为 150cm×306cm，因其由两幅芝麻纱料拼成，故单幅纱料毛样横宽为 77cm（75cm+2cm 缝份），即为吉服料幅宽。从褂料的测绘数据来看，这样处理可以精准标注十字轴线的坐标位置，当然竖轴为拼接缝，横轴在确定褂料的长度之后取二分之一，这将为后续各路纹章的设计经营提供可靠的标尺，这就是所谓的"准绳作用"（图 7-5）。

在对吉服料纹章的全数据采集、测绘和结构图复原过程中，为确定八团纹章与海水江崖纹准确的坐标位置，以"十字"轴线为准绳进行布局成为艺匠的基本思路，实物信息的复原亦得到了证实。拼接线为前后中心线视作 Y 轴，由底边垂直向上 153cm（褂料纵长的二分之一）处作水平线为 X 轴，与 Y 轴交于 Q 点，由此得到 X 轴和 Y 轴构成的"十字型"坐标。褂料上八团纹章中以 A、B、G、H 为中心点的下裳

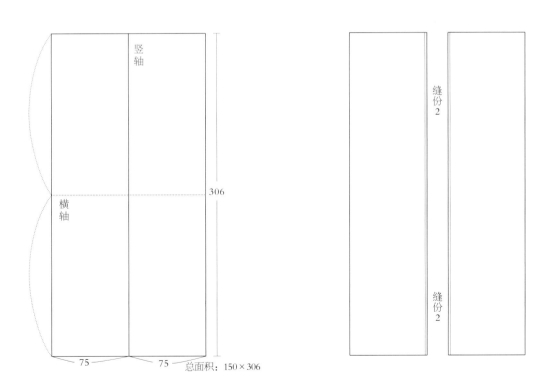

图 7-5　石青芝麻纱八团女吉服褂料主结构十字轴线的确定和毛样板

四团纹，距 X 轴的垂直距离皆为 85cm，距 Y 轴的水平距离为 21.5cm。前胸后背 C、F 两团纹占据 Y 轴，其中心点距 X 轴垂直距离分别为 37cm、33cm。左右肩 D、E 两团纹占据 X 轴，且中心点恰好落在 X 轴上，并距 Y 轴水平距离为 30.8cm。该数据显示除 Y 轴上团纹 C、F 外，其余六团皆在"十字型"基础上呈对称分布。而依据前文推断 C、F 为前胸后背两团纹，受领口深量前大于后的影响促使胸部团纹下移有平衡前后团纹的考虑，便成为"团纹褂服"设计的惯例。故此数据证明，褂料上纹章已达到成品纹章以"十字型平面结构"为坐标"准绳"的设计规范。因而，从中心四团纹的依规确立可见下裳离散的四团纹也并非"随意而安"。

通过数据采集，表面上看并没有发现它们之间的关联性，但当将对角团纹 A、B、G、H 作交叉连线时奇迹发生了，它们刚好均交在十字交点 Q 上，这个发现告诉我们，离散的四团纹章位置是通过十字坐标为准绳所引出的对角连线而确定坐标的，它们所呈现的尺寸不过是后来寻找研究方法的结果，只因古代的艺匠们遵循的不是尺寸而是宗法。可见"十字型"坐标可谓八团纹章"中庸""中正"礼制的准绳，也最能成为诠释"四平八稳"吉语的实证依据。虽然四个对角团纹距 X 轴的垂直位置出现了错位情况，分别为 1.7cm、1.3cm，也正因为"错位"它们才刚好构成"米字型"布局。同时，位于纵坐标上的两个海水江崖纹大小也基本一致。故经过成品褂服与褂料的比较研究可以确认，"先绣后缝"有助于在"十字型平面结构"基础上精准有效地对纹章的布局实施设计，而成为纹章官服营造的基本方法（图 7-6）。

石青芝麻纱八团刺绣吉服料主体团纹使用菊花纹样与石青绸绣八团鹤纹吉服褂（参见图 5-18）相比，章纹内容不同，这也正说明它们依附丈夫的官阶所呈现出女官服的区别（鹤纹比花卉纹品级要高）。然而，它们的设计经营却如出一辙，可见纹章的规制与内容无相互关联。因此清末官服无论是章纹数量、内容，还是男女标识特征，都是尊崇"十字型平面结构"为准绳的仪规，而章纹内容便成为识别官服等级的重要依据。而该褂料标本的八团满绣菊纹承载的是传统女德信息。《清会典》载命服"绣花八团"[3]，说明标本为女子吉服褂料。菊花作为

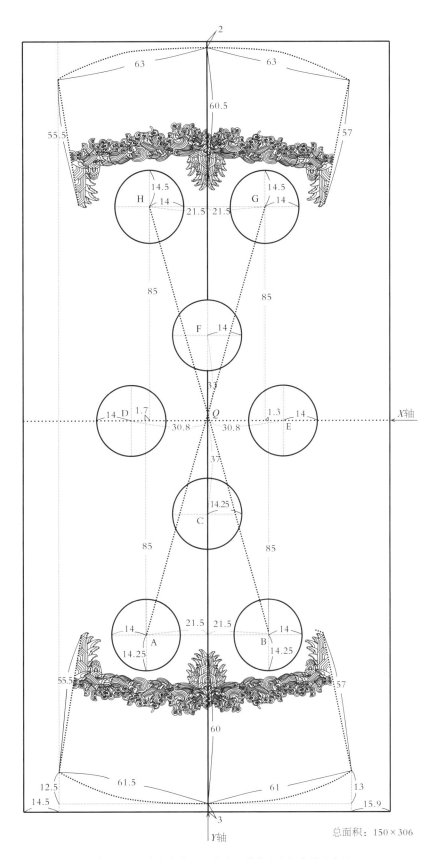

总面积：150×306

图7-6 石青芝麻纱八团女吉服料纹章坐标布局的复原

尚德之物最早见于《周官》❶,为后人奉为花中四君子之一。因其根茎可历经严冬之风姿傲骨,又名金英、黄华、秋菊、隐逸花等。《离骚》述"朝饮木兰之堕露兮,夕餐秋菊之落英"。汉《神农本草经》记载,"菊花久服能轻身延年",故其又名寿客、延年、日精等。从魏晋南北朝至宋元明清,历代文人雅士皆以养菊修德、赏菊为雅趣。可见,菊花自古就是中华文化符号之一。菊花纹植于女服便成为女德的标志而独善的"女华"之貌,赋予女子傲骨风姿的赞许。石青芝麻纱八团刺绣吉服料用菊花作为主体纹章,即期许所服之人长寿延年,又可赋予其修德卓越之气度。这足以证明菊花纹作为女德的重要纹章,在数量和布局上不可能随便处之(图7-7)。

(三)石青芝麻纱八团女吉服料到袍服的制衣流程

如果对石青芝麻纱八团刺绣吉服褂料与本书所选的两件同时期经典吉服标本石青绸绣八团鹤纹吉服褂(参见图5-9)和石青缎五彩绣八团福海吉服褂(参见图8-12)进行比较研究发现,纹章的布局设计与刺绣工艺流程均是在制作成衣之前完成,这不仅有利于"十字准绳"的确定和准确把握团纹的坐标,还可以有效规划刺绣的工艺和流程。因此"先绣后缝"是清末纹章官服织造的基本规范,但这也不是绝对不变的工序,而要取决于成品的结构形制,如褂料和袍料,由于对襟和大襟的区别,它们在不同的位置都会有"补绣"的工序。在该褂料标本八团纹章数据测量、绘制和结构图复原过程中,发现八团纹章皆以"十字"为"准绳"对称分布,即成衣后由前后中心线和肩线组成的"十字型平面结构"呈现八团纹章有秩序分布。该发现使得袍料与成品袍服以"十字"为纽带产生先绣后缝的流程联系,可见"十字坐标"贯穿整个官服制作过程。此外,因发现石青芝麻纱八团刺绣吉服料的前胸后背团纹绣法不一:后背团纹纹章完全覆盖布幅拼接线,前胸团纹则让开布幅拼接

---

❶ 《周官》:为记载周代理想状态的政治制度和百官职守的官方文献。相传为周公所作,成书于战国时期,现今所见多为清代郑玄注解的《周官解诂》。

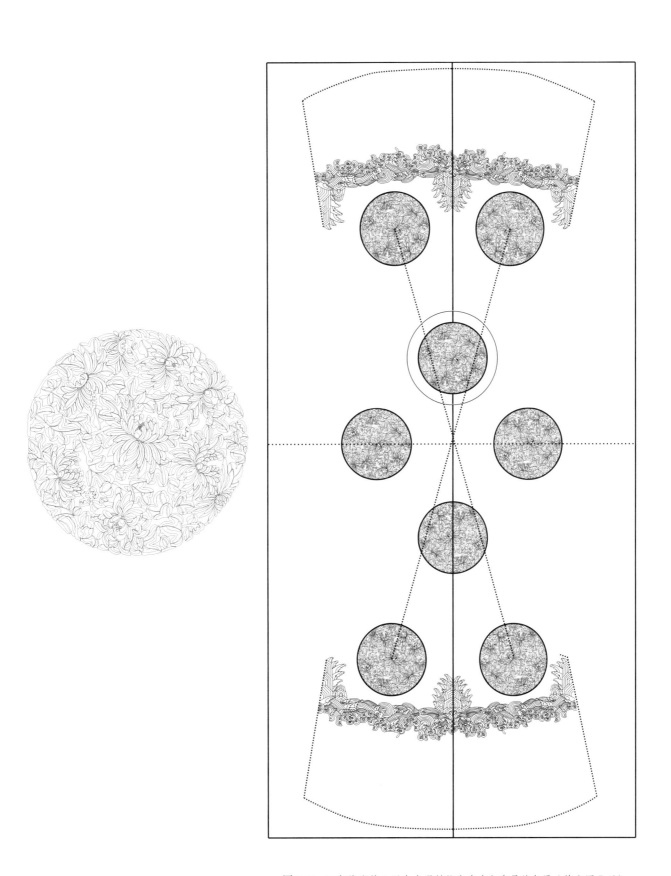

图 7-7　石青芝麻纱八团女吉服料纹章内容与布局的复原（结合图 7-6）

线为左右半团纹刺绣（图7-8）。由此判断袍料在刺绣过程中存在亦绣亦缝或亦缝亦绣的颠倒顺序，但总体上在制作成品之前绣工要告罄，到成衣制作环节只有"补绣"工序。因此，根据从绣品袍料到成品袍的先后顺序判断，清官袍制衣流程遵循先绣后缝的制衣法则，这颠覆了以往我们对传统绣纹服饰先缝后绣的惯常认识。

那么，官服纹章布局是如何通过绣品袍料的制作流程实现的。对比石青芝麻纱八团刺绣吉服料和石青绸绣八团吉服褂标本，并将它们视作官袍制造两个重要阶段的结果会发现，先绣后缝的制衣模式使得"十字型平面结构"贯穿始终且无时无刻不在规界八团纹章布局的定位，使其达到"中庸""中正"的礼制要求，以及对"四平八稳"吉语的准确表述，此过程更像祈吉和礼教的教化过程。同时，先绣后缝制衣流程也为"十字坐标"规范纹章的经营位置提供机会。基于此，依据袍料的数据作先绣后缝制衣流程的模拟实验图获取实证依据是可靠的。在制作吉服褂前，根据面料布幅尺寸选取两幅合适的匹料进行预拼接。在确定面料后，依据穿着者的形体尺寸在拼接的袍料上根据"十字"坐标确定纹章位置布局，然后将该组合面料拆分，选用相应品级的刺绣纹样进行分块刺绣。若袍料为吉服褂料，受形制影响前片胸部团纹不能用绣线将拼接缝掩盖，故前片胸部团纹要于分片对应好坐标刺绣，且分别完成半个团纹的绣工，并确认保持吉服褂在合襟状态下章纹内容的完整性。后背团纹则需在其他章纹刺绣完成后，将面料拼接完整再补绣，为使团纹完整美观，此时所绣内容则是将拼接缝覆盖。最后，将绣好的袍料以纵轴线对折进行裁剪、缝制形成最终的官袍（图7-9）。该模拟制衣流程实验所得出的结果与石青芝麻纱八团刺绣吉服料的状态一致。由此可以看出，在官袍制作过程中整体保持先绣后缝模式，不仅是中华服饰"平面体、整一性、十字型"[8]结构贯穿官袍始终的艺匠风物体现，更是精神的寄托。只因先人为使服饰契合几千年来儒家以礼教化的入世思想，并达到礼制规范，不惜采用如此繁复、耗时的制作流程，却只是为了祈福吉语和礼法制度。然而这或许就是文物不可复制的根结所在，因为我们失去了古人可以终其一生做一件事情的心质和意念。

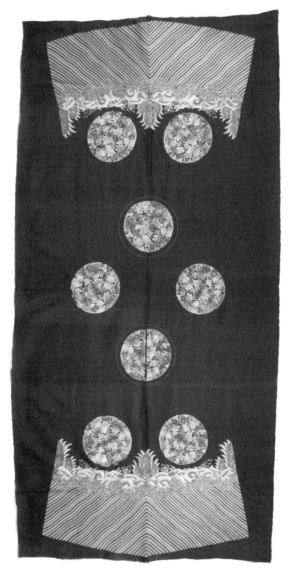

图 7-8 石青芝麻纱八团女吉服料前胸后背刺绣纹章的区别

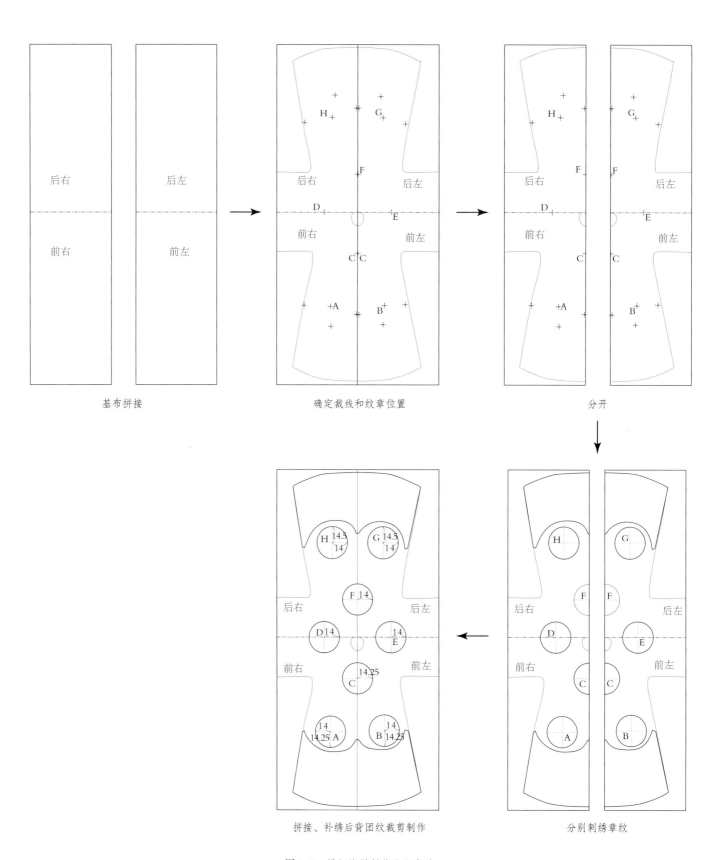

图 7-9　模拟袍料制作流程实验

三、先绣后缝纹章的礼制与"十字型平面结构"

清末官袍纹章的"经营位置"直接反映了官袍的礼制面貌，它一方面有礼法等级的识别功能，另一方面有规范官场社交礼仪行为的作用。因而在袍料刺绣阶段需要按礼法"经营"纹章位置，那么其相应的技术、工艺手段就要适应这种要求。因此，这就意味着古代的艺匠从来就不是"形而下"的东西，故清末崇礼尚教的社会风俗一定渗透在这个时代的技艺中。由此看来，袍料先绣后缝的制作模式与其说是为了技艺的方便不如说是一种践行礼法的仪规。而该制衣模式将以纹章的丰富性为特点的清代官袍刺绣过程很好的放置在了平面状态下进行，这不仅有利于方便操作还为整体纹章被"十字坐标"规界提供了良好的机会，让"十字型平面结构"与纹章位置的经营、布局在礼法的作用下实现完美契合。

（一）先绣后缝完整制衣流程实验的礼法信息

如果将清末三件典型八团吉服褂标本（一件褂料两件成品）做先

绣后缝的模拟制衣实验，才会发现其中隐含的礼制信息。首先根据上文所测得的石青绸绣八团吉服褂布幅为68cm，取两块宽为68cm、长为285cm的绸缎进行拼接，确定十字坐标即前后中线和肩线的位置，以"十字"作为准绳标记围绕中心交点的四个团纹和通过交点对角线的四个下裳团纹位置，然后进行分区的纹样刺绣，刺绣完成依据纹章坐标进行第二次拼接并确定准确的裁剪线，经过裁剪、接袖及附加里料的缝制得到一件完整的吉服褂（图7–10）。可见，官袍制作过程中的先绣后缝体现在为方便刺绣而采取的单幅面料的独立刺绣模式上，通过拼接、裁剪、缝制的流程形成成品官袍。该模式为以"十字坐标"为"准绳"的纹章"经营位置"提供了条件，故先绣后缝制衣模式是官袍制作的先决条件和必经过程，只因一切结构形态皆由此开始。

"完且弗费，善衣之次也"[9]，意思是说完整结实而不费工料，是仅次于祭服、朝服的好衣服。从布料到袍料再到官袍的制衣过程中，先绣后缝对纹章"经营位置"的精准把握，表面上看似是技术问题，其实质是官袍实施礼制的规范，当然这还需要找寻它的理论依据。

（二）先绣后缝制衣模式与"十字型平面结构"的礼制寓意

"礼，时为大，顺次之，体次之，宜次之，称次之"❶。是说礼法遵循的注意要点有哪些，按轻重缓急有先后之分。在礼法的遵循过程中有先后注意事项，那么在古代制衣时也存在先后法则，九团十二章龙袍中的正龙、行龙和十二章的次第就是按官袍的礼制规划的，而先绣后缝是为了给纹章位置的"经营"过程提供展开的平面环境，使其更易精准操作。同时，也为"十字型平面结构"对纹章坐标的规界功能发挥作用。在袍料平面的状态下更好地完成刺绣工序，使袍料纹章具备官袍礼制的

---

❶ 该句引自王文锦的《礼记译解》（礼器第十），中华书局出版，2001，09。原文译为"礼法的遵循最大要点是注意时代的特点，其次是顺乎人伦，再是分辨祭祀的主体，注意事理之所宜，后是注意用物要与人的身份相映衬"。

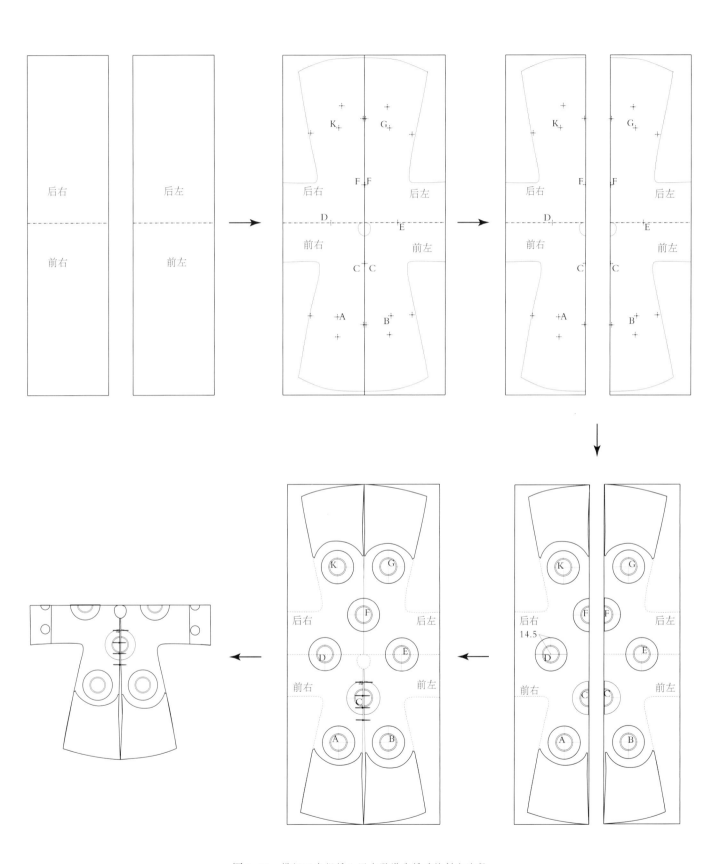

图 7-10 模拟石青绸绣八团吉服褂先绣后缝制衣流程

基本形态，即"时为大，顺次之，体次之，宜次之"。其间所选用章纹内容需符合穿着者身份，即"称次之"。可见，古代制衣中的先绣后缝制衣模式似宗教仪式皆在礼法要求下进行，故在此过程中凡事有先后不可越雷池。

《礼记》曰："礼也者，物之致也"[9]。即"礼"是一切事物的准则。在对标本的研究中发现了古代制衣礼法准则的实物证据，即以"十字型平面结构"为"准绳"的纹章"经营位置"。以"十字"为坐标肩部和前后四团纹章形成类柿蒂纹，寓意江山永固。下摆四团纹章的位置经营其对角连线经过十字交点，构成诠释"四平八稳"吉语的实证依据。可见，清代服饰"图必有意，意必吉祥"的特点不仅存在于章纹内容的表现中，其纹章的分布位置同样彰显此意。因此，无论是服饰外观章纹内容的寓意，还是内在纹章分布的隐藏含义，皆为诠释礼法而存在，故以"十字型平面结构"为"准绳"的纹章分布即是礼制作用下的结果。但以此给因"礼"而不计工本找到理由就错了，通过对标本的研究恰恰证明了尚礼并不是以牺牲"节俭"为代价，而是求得它们的平衡，这就是以古人物质文化研究中获得充满"敬物尚俭"智慧礼教的精神遗产。

参考文献

［1］宗凤英. 清代宫廷服饰［M］. 北京：紫禁城出版社，2004.

［2］李理. 清代官制与服饰［M］. 沈阳：辽宁民族出版社，2009.

［3］清光绪朝石印本影印. 清会典［M］. 北京：中华书局，1991.

［4］沈从文. 中国古代服饰研究［M］. 上海：上海书店出版社，2014.

［5］严勇，房宏俊，殷安妮. 清宫服饰图典［M］. 北京：紫禁城出版社，2010.

［6］殷安妮. 于无声处蕴经纬：彩绘服饰小样、刻纸式图样及上谕档案［J］. 北京：紫禁城，2012（09）.

［7］钱穆. 中国思想史［M］. 北京：九州出版社，2001.

［8］刘瑞璞，陈静洁. 中华民族服饰结构图考：汉族编［M］. 北京：中国纺织出版社，2013.

［9］王文锦. 礼记译解［M］. 北京：中华书局，2001.

《第八章》

清官袍结构的
"敬物尚俭"与纹章经营

基于"十字型平面结构"理论，在对清末官袍标本进行数据采集、测绘和结构图复原研究的过程中，发现了纹章布局与"十字型平面结构"有着紧密的联系，事实上中华服饰十字型平面结构的基本形态，是在"敬物尚俭"古老而普世的价值观指导下形成的。从这个意义上讲，即便是官服，甚至是帝后服饰营造艺匠也并非不惜工本，因为从清官袍吉服结构的系统研究来看，它们与庶民一样采用更节俭的"布幅决定结构"的原则，整用不裁剪、表整里拼、碎布尽用成为裁缝匠作的行规。但这种行规并不是以破坏纹章的礼制为代价。

一、石青缎五彩绣八团吉服袍结构的节俭与纹章经营

石青缎五彩绣八团吉服袍形制有中接袖即袖章❶，这是清末典型女子袍服的特征。到了晚清经历了满汉文化合久必分、分久必合的过程，女子袍服袖子更趋宽大，有汉族服饰宽袍大袖之相。事实上，只有将满族固有的女袍与此加之比较才能发现其中区别，满汉文化交融的痕迹到了晚清已经很难辨别了。然而清入关前期袍服并非大袖形制，但该形制于清朝统治期间确实存在过。例如，清末在贵族妇女中保留汉袍"袖胡"的形制就很普遍（图8-1）。清朝作为少数民族入主中原的政权，为统治庞大的汉民族，历代帝王皆有习汉文化承汉制的传统。其中最甚者为乾隆帝，《清稗类钞》载，"高宗在宫，尝屡衣汉服，欲竟易之。一日，冕旒袍服，召所亲近曰：'朕似汉人否？'一老臣独对曰：'皇上于汉诚似矣，而于满则非也。'乃止"[1]。受上习下效的影响，八旗贵族亦有穿宽袍大袖之衣的喜好，尤以女子甚之。而该现象显然不符合马上民族的习惯，为保其民族传统，不忘祖先，以金为戒。此后，因清衰视汉俗所致，嘉庆、道光帝多次下令禁止旗人女子穿汉式袍服。然而，康

---

❶ 袖章：为清宫廷女子服饰典型特征，是区别于男子服饰的重要标志。

图 8-1　清末满袍保留汉袍"袖胡"形制的女袍

标本来源：收藏家何志华先生私人收藏。

乾盛世所建构的满汉和亲的文化体制表现出强大的生命力，使晚清归旗复满的文化政策难以推动，因此，清末民初出现的"旗袍"实为亦满亦汉的时代产物。

如果从结构的角度考察，整个清朝无论是保满弃汉，还是满汉联姻；无论是宽袍大袖，还是窄衣窄袖，它们都没有放弃"布幅决定结构形态"的法则和"节俭"的行规。因为"俭以养德"早就成为中华文明的精神遗产了，清官服标本结构的研究或许是最有力的证据。

（一）石青缎五彩绣八团吉服袍形制特征

石青缎五彩绣八团吉服袍为北京服装学院民族服饰博物馆馆藏精品，2001 年 12 月收于北京。标本通袖长 209.5cm、衣身长 138cm，前长后短，圆领大襟、马蹄袖、裾四开、五粒扣、有中接袖，石青缎作底，上绣八团纹，以双鱼、蝴蝶、牡丹、南瓜、海水江崖纹作饰（图 8-2）。

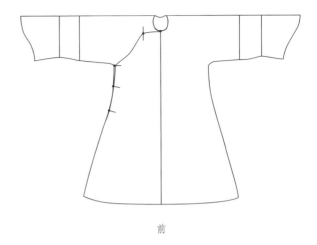

前

标本正视图

图 8-2

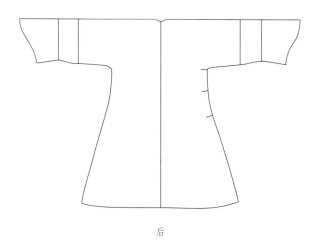

后

标本后视图

清古典袍服结构与
纹章规制研究

领缘、襟缘、前胸吉祥纹饰

图 8-2

中接袖、马蹄袖

中接袖、马蹄袖吉祥纹饰和下摆海水江崖纹

图 8-2　石青缎五彩绣八团吉服袍标本（北京服装学院民族服饰博物馆藏）

（二）石青缎五彩绣八团吉服袍的测绘与结构图复原中的 "补角摆"

对石青缎五彩绣八团吉服袍结构进行全方位的数据采集、测量、绘制和结构图复原，表现出强烈的节俭意识，它是否对官袍纹章的经营位置有所抑制，无论在文献还是考古研究中都无相关成果和报告，这是值得探讨的课题，故期望通过标本研究有所发现。该标本通袖长209.5cm、衣身长138cm，后身长较前身长少2cm。以肩线为基准线，前领口深11cm，后领口深1.5cm。因有"中接袖"形制故内含两次接袖，十字交点水平向左右各60cm、61cm处接袖，左右中接袖宽各为16.25cm、14.75cm，左右袖口宽各为29.7cm、30cm，并与马蹄袖相接。左右马蹄袖横宽各为28.5cm、29cm，袖口宽各为32cm、32.5cm。左右开衩长各为32cm、31cm，前后中开衩长各为48cm、49.5cm。底摆宽117cm（58.5cm×2）。底摆翘量5.2~7cm不等，由此出现不规整数据是由多种原因所致。主结构前后片无补角摆，里襟有一处补角摆长66cm，宽22.2cm。里襟较实际衣身长少5.6cm，底摆宽52cm，底摆翘量9.8cm。标本结构复原中"补角摆"的发现，在汉袍中也很普遍，这是节俭意识的有力证据，也符合"外整里拼"的尊卑思想（图8-3）。

在主结构基础上加入采集的缝份数据得到标本的毛样复原。毛样领口、袖接缝缝份1cm，袖口缝份1.7cm，前后中缝份1.5cm，底边缝份2cm，侧缝缝份1cm，里襟补脚摆缝份1.2cm、底边缝份1.5cm（图8-4）。经过排料实验观察所得两组实验结果，实验一是没有使用"补角摆"的结构方案，其面料使用量47308.8cm²（64cm×739.2cm）。实验二采用里襟"补角摆"的结构方案，面料用量43123.2cm²（64cm×673.8cm）。因而，实验二采用"补角摆"的结构方案是以牺牲"美观"寻求节俭的排料方案，所得结果以实验二的排料方法更为省料。可见，古人"敬物尚俭"理念是继承了自孔子以来倡导的"奢则不孙，俭则固；与其不孙也，宁固"（《论语·述而》）。从"物格而后知至"到南宋朱熹理学"存天理，灭人欲"的格物致知，再到清末洋务运动现代自然科学意义上的格物致知精神的物化呈现，且发生在贵族服饰中，可谓不可能不具有普遍性（图8-5）。

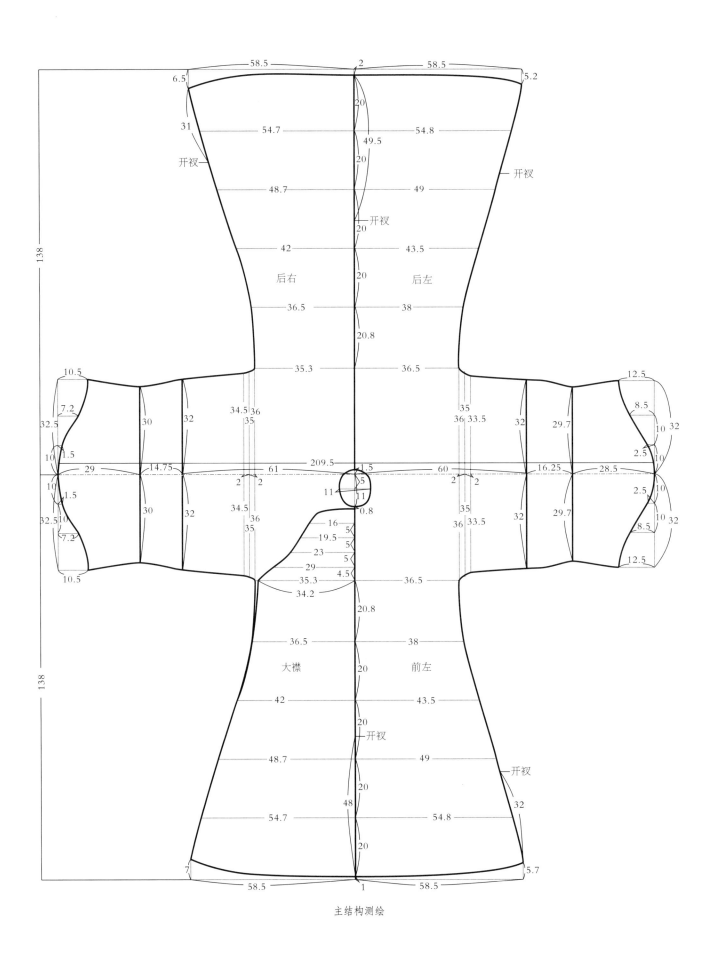

主结构测绘

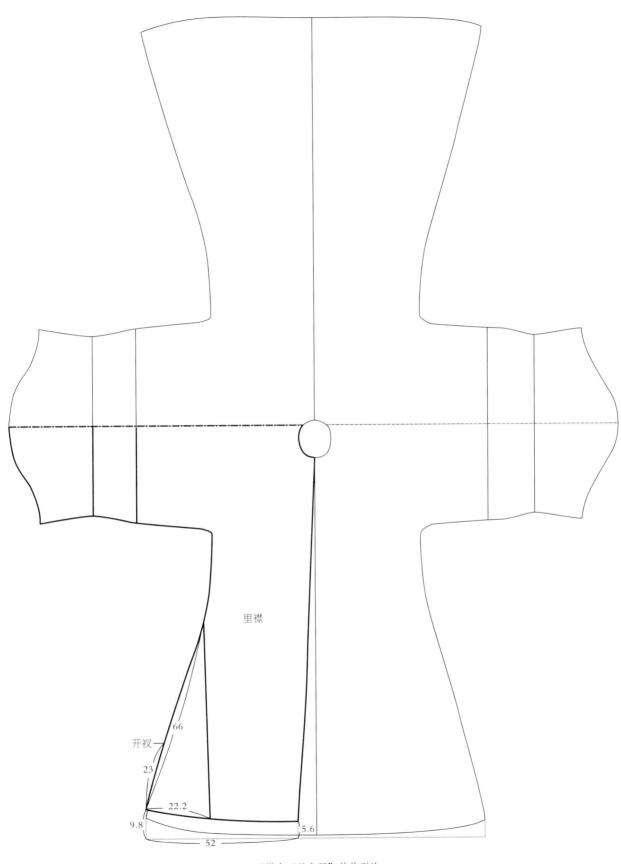

里襟

开衩

66

23

22.2

9.8

5.6

52

里襟和"补角摆"结构测绘

图 8-3 石青缎五彩绣八团吉服袍结构测绘

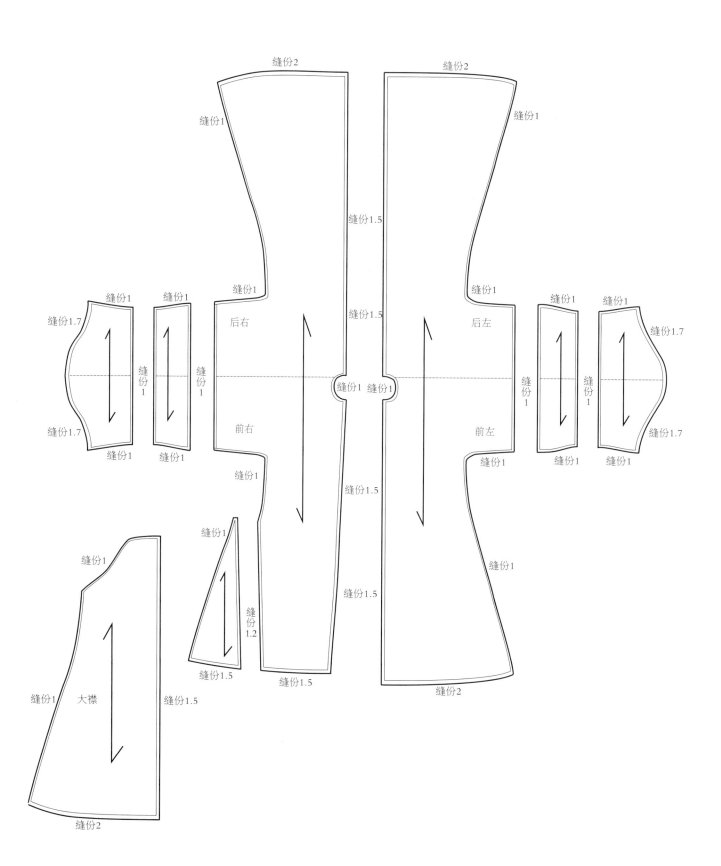

缝份2　　　　　　　缝份2
缝份1　　　　　　　缝份1
缝份1.5
缝份1　　　　　　缝份1
缝份1　　缝份1　　缝份1　　缝份1
缝份1.7
缝份1.5　　　　缝份1.5
缝份
份
1　　　　后右　　　　后左　　　　1
缝
份
1
缝份1　　缝份1.7
缝份　缝份
1　　1
缝份1　缝份1
缝份1　　前右　　　　前左　　　缝份1
缝份1.7
缝份1　　缝份1　　缝份1　　缝份1
缝份1.7
缝份1　　　　缝份1.5
缝份1
缝份1
缝
份
1.2
缝份1.5
缝份1
缝份
份
1.5
缝份1.5　　　缝份1.5
缝份1　　大襟　　缝份1.5
缝份2
缝份2

图8-4　石青缎五彩绣八团吉服袍主结构毛样复原

　清 古典袍服结构与
纹章规制研究

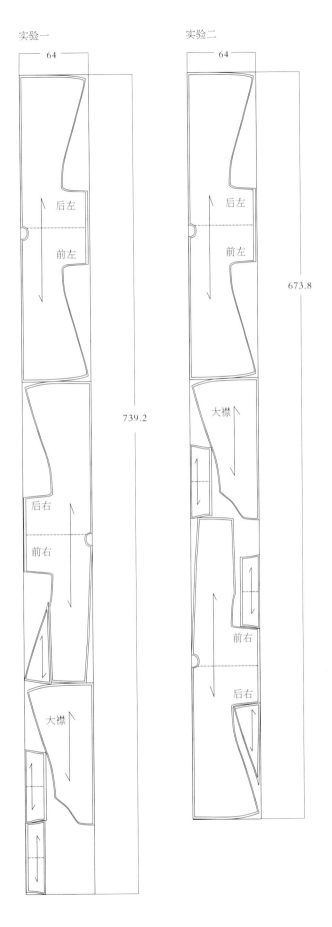

实验一　　　　　　　实验二

64　　　　　　　　64

后左　　　　　　　后左

前左　　　　　　　前左

673.8

大襟

739.2

后右　　　　　　　前右

前右

后右

大襟

图 8-5　石青缎五彩绣八团吉服袍主结构排料无"补角摆"和有"补角摆"实验对比

（三）石青缎五彩绣八团吉服袍衬里结构拼接成器的敬物尚俭理念

作为清古典服饰的石青缎五彩绣八团吉服袍衬里结构拼接之多甚为少见，整件袍服衬里由30余块大小不一的零散面料拼接而成（图8-6）。因里料拼接过多，无法判断其真实布幅宽度，但有一点是肯定的，就是不规整的里料结构是基于充分利用边角余料的结果，甚至整个里料根本就没有既定的专属品，这从一个深层的结构研究中颠覆了官服织造"不惜工本"的惯常认识，而恰是精打细算的结果。依据所测数据，其里料宽度在40~65cm均有可能，故石青缎五彩绣八团吉服袍里料毛样排料做六次实验，分别以布幅40cm、45cm、50cm、55cm、60cm、65cm进行实验。实验一限定布幅宽40cm，排料所得里料总量53560cm^2（40cm×1339cm）。实验二限定布幅宽45cm，所用里料总量54283.5cm^2（45cm×1206.3cm）。实验三限定布幅宽50cm，所用里料总量53204cm^2（50cm×1064.08cm）。实验四限定布幅宽55cm，所用里料总量51286.4cm^2（55cm×932.48cm）。实验五限定布幅宽60cm，所用里料总量为50948.4cm^2（60cm×849.14cm）。实验六限定布幅宽65cm，所用里料总量为49912.2cm^2（65cm×767.88cm）（图8-7、图8-8）。

经测算，实验一所出废料2290.42cm^2，实际用料占里料总量的95.723%；实验二废料量为2739.8cm^2，实际用料占里料总量的94.952%；实验三废料有2434.05cm^2，实际用料占里料总量的95.425%；实验四废料量为1907.82cm^2，实际用料占里料总量的96.280%；实验五废料量为1840.94cm^2，实际用料占里料总量的96.386%；实验六废料量为1565.61cm^2，实际用料占里料总量的96.863%。综合分析所得，布料幅宽加大，面料利用率增加。依据清末所使用的布幅宽度基本是在60~75cm之间的事实，根据以上实验数据推断石青缎五彩绣八团吉服袍衬里幅宽在60~65cm之间（表8-1）。因而，所得幅宽最大的65cm是最节省的，故实验六的排料方案是可靠的。但如果以非既定的边角余料拼出里布的话，或许比实验六更加省料和有意义，因为它不需要动用一个整布幅。此外值得思考的是，这个极端节俭的案例是发生在以骄奢惯常的帝制官服中。

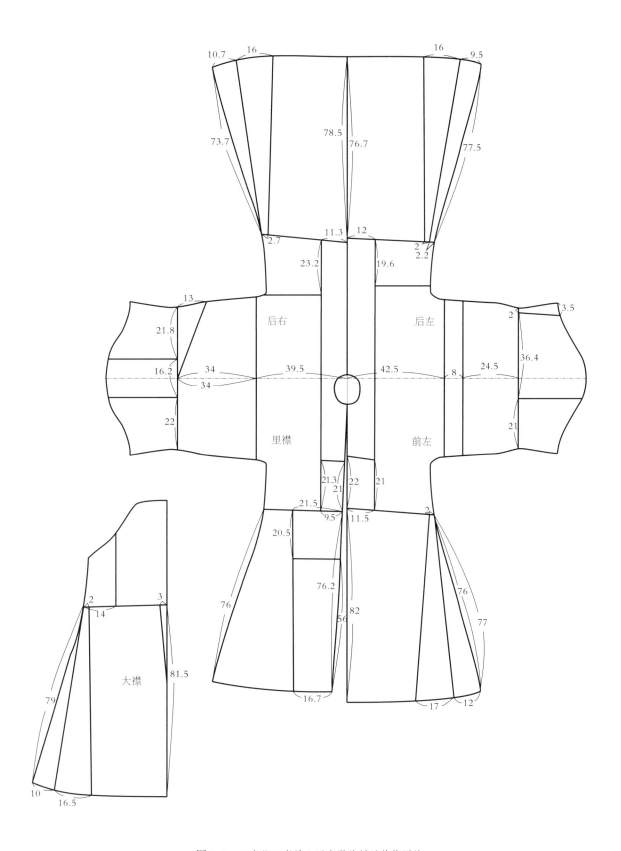

图 8-6　石青缎五彩绣八团吉服袍衬里结构测绘

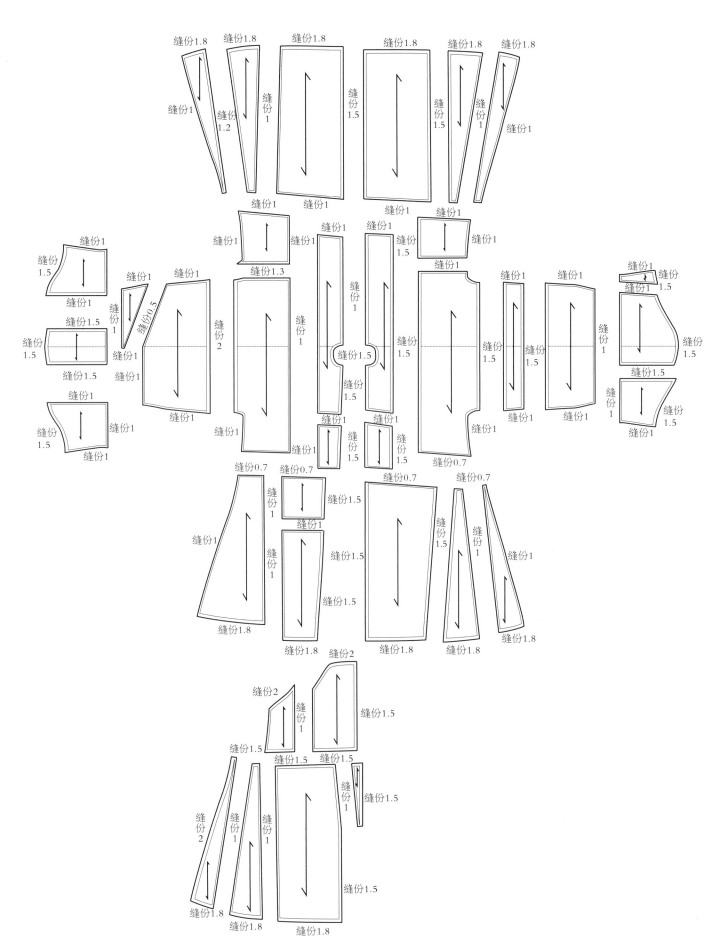

图 8-7 石青缎五彩绣八团吉服袍衬里毛样复原

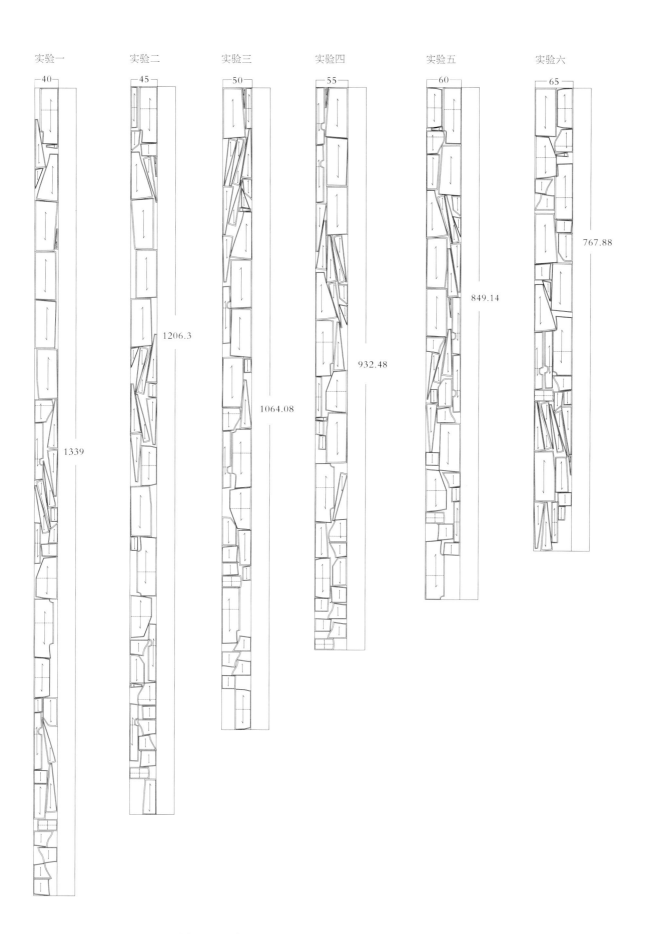

实验一　　实验二　　实验三　　实验四　　实验五　　实验六

40　　　45　　　50　　　55　　　60　　　65

1339　　1206.3　　1064.08　　932.48　　849.14　　767.88

图 8-8　石青缎五彩绣八团吉服袍衬里毛样板排料实验

表 8-1　石青缎五彩绣八团吉服袍衬里六个排料实验结果对比

实验分组	限定布幅宽（cm）	用料总量（cm²）	废料量（cm²）	里料实际用量（cm²）	实际使用量占用料总量的百分比（%）
实验一	40	53560（40×1339）	2290.42	51269.58	95.723
实验二	45	54283.5（45×1206.3）	2739.8	51543.7	94.952
实验三	50	53204（50×1064.08）	2434.05	50769.95	95.425
实验四	55	51286.4（55×932.48）	1907.82	49378.58	96.280
实验五	60	50948.4（60×849.14）	1840.94	49107.46	96.386
实验六	65	49912.2（65×767.88）	1565.61	48346.59	96.863

（四）石青缎五彩绣八团吉服袍结构的"外尊内卑"与纹章的经营

石青缎五彩绣八团吉服袍无论在主结构里襟出现的"补角摆"形制，还是衬里采用"拼接成器"的方法，节俭的动机是明显的，且普遍存在于袍服艺匠的规划过程中。或许因"敬物尚俭"自古以来就是中华传统服饰"十字型平面结构"的基本出发点，且不意味着以牺牲礼法为代价。因此无论是"补角摆""拼接成器"都会以"外尊内卑"奉为圭臬，特别是纹章繁缛的清末官袍可谓是这种"尚俭与礼法"达到互荣相生的典范。因此，该标本尽管运用了"布幅决定结构形态"的设计原则和"补角摆""拼接成器"的节俭手段，但它们都规划在隐藏状态下，对繁复的纹章布局没有任何影响，这或许就是节俭的结构与纹章设计达到了高度精妙的结合。从而使十字坐标对纹章经营位置的"准绳"作用可以得到更好的执行。

同样，石青缎五彩绣八团吉服袍八团纹章分列于中轴线前后两团、肩线左右两团、下摆经过十字交点的对角线四团，里襟无图案，该纹章规制为清中后期女子官袍典型样式（图 8-9）。通过对该八团纹章的全数据测量、绘制和结构图复原，下摆处 A、B、H、G 四团横 30cm、纵 29cm，其中心距十字坐标纵轴 23.5cm，横轴 85cm、83cm。前后 C、F 两团横 30cm、纵 29cm，中心与肩线垂直距离 34.5cm、33.5cm。两肩 D、E 两团横 31cm、纵 29cm，与十字中心点相距 34cm。可见，八团纹章大小均衡，且保持以"十字型平面结构"左右对称规制。虽然下摆和前胸后背六团距肩线垂直距离有所偏差，但并不影响其以"十字型平面结构"前后对应关系，或因制作过程、时间久远，测量工作皆会使实物纹章产生数据误差，但差量微弱属合理范围可忽略。石青缎五彩绣八团吉服袍八团纹章坐标皆与"十字型平面结构"产生数据关系，并以"十字"为坐标系两两对称分布，再一次验证了"十字坐标"作为纹章分布的"准绳"作用而存在的事实（图 8-10）。

　　此外，由纹章内容亦可以看出石青缎五彩绣八团吉服袍为女子典型袍服。鱼为佛教八宝之一，寓意无限生机、游刃有余、自由自在[2]，而以双鱼为章则代表女子期盼美满的爱情，寓意吉祥成双。蝴蝶与牡丹相伴，常代表甜蜜。女子多爱蝴蝶，中国古代也有梁祝化蝶的美丽传说，故女子袍服八团中以双鱼、蝴蝶、牡丹为章，皆表明女子对美好爱情的向往。同时，对角团纹连线均过十字交点，寓意爱情的美满与安定。这些都是由于"外尊内卑"的巧妙规划得以实现的（图 8-11）。

图 8-9　石青缎五彩绣八团吉服袍典型样式和里襟呈现"外尊内卑"的面貌

图 8-10　石青缎五彩绣八团吉服袍纹章坐标布局的复原

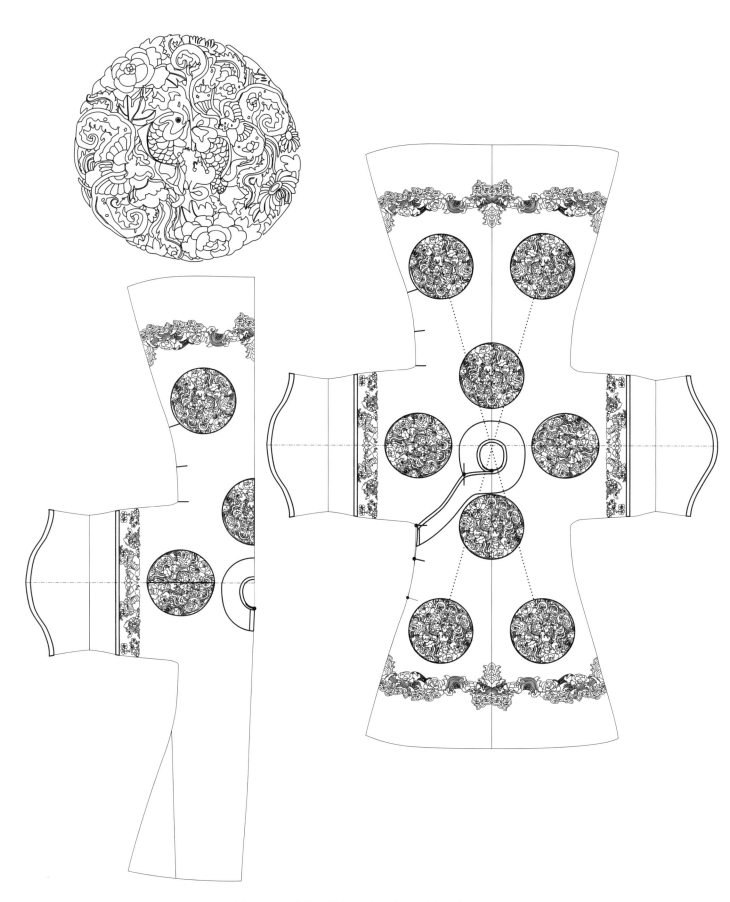

图 8-11　石青缎五彩绣八团吉服袍纹章内容与布局的复原

二、石青缎五彩绣八团福海吉服褂结构的节俭与纹章经营

石青缎五彩绣八团福海吉服褂为女子补褂，为民公夫人及各级命妇服用。其衣袖结构"补角"位置之特殊，纹章内容与结构布局尚存探究的含义，需要依据测绘、结构图复原寻求问题的本源。

（一）石青缎五彩绣八团福海吉服褂形制特征

石青缎五彩绣八团福海吉服褂为清末典型的女子补褂，收藏于北京服装学院民族服饰博物馆，2006 年 7 月收于北京。标本通袖长 183cm、衣身长 144.5cm，圆领沿绲、大袖、对襟、有接缝但无"中接袖"❶、五粒雕花铜扣。面料为石青缎纹绸，上绣八团内饰打籽牡丹花卉纹与蝴蝶纹，其与下摆海水江崖纹合并取谐音"福海"。左右袖口均为三团花卉纹和海水江崖纹组合（图 8-12）。

---

❶ 中接袖：只在女子官袍中使用，女吉服褂与男子官袍补褂形制相同，不设"中接袖"。只在纹饰上加以区别，男子多沿用文武补服纹饰（参见图 5-1、图 5-8），女子多用花卉和吉祥纹饰（参见图 5-9、图 8-12）。

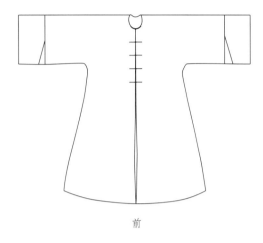

前

标本正视图

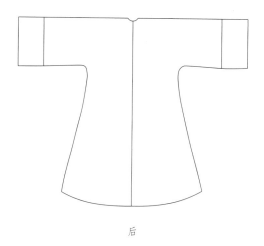

后

标本后视图

图 8-12

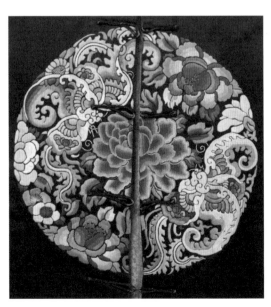

吉祥花卉团纹

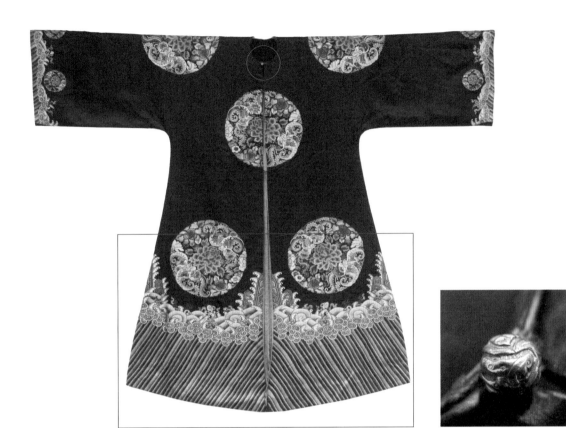

雕花铜扣

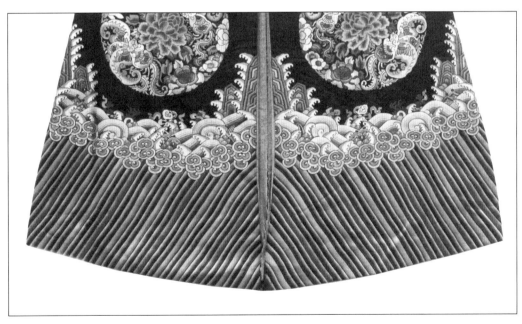

海水江崖纹

图 8-12　石青缎五彩绣八团福海吉服褂标本（北京服装学院民族服饰博物馆藏）

（二）石青缎五彩绣八团福海吉服褂的测绘与结构图复原中的"接袖补角"

石青缎五彩绣八团福海吉服褂，由褂料通过纹章布局经营和刺绣程序形成的绣品袍料与衬里分别剪裁制作完成。首先对标本主结构进行数据测量、绘制和结构图复原。通袖长183cm、衣身长144.5cm，前后身等长。以前后中线和肩线形成的十字坐标为基准线，前领口深10.5cm，后领口深2cm，领围37cm。左右接袖缝距十字交点71cm，接袖宽为20.5cm，袖口宽37.5cm。前后底摆宽分别为112.5cm、112.7cm。前片底摆翘量10cm，后片底摆左右翘量不同各为10.5cm、12cm。该吉服褂主结构规整，唯接袖有"补角"现象，故引出诸多猜想，因为"补角"多在衣摆中出现，故称"补角摆"，且用于隐僻处，如里襟、衬里等，而在接袖中出现并不多见，查阅相关文献没有任何线索，唯标本实验证据更为可靠。这种"接袖补角"在清末女子官服中出现多少有些意外，因为它是宁可牺牲"美观"去寻求节俭的个别案例，事实上这其中还有玄机（图8-13）。

为了破解"接袖补角"玄机还需要复原标本的毛样和排料实验。石青缎五彩绣八团福海吉服褂主结构毛样是通过尽可能完整地采集标本缝份实现的，这项工作并不容易，是因为缝份的缝边最终都要夹在面料和衬里的中间，尽管如此，还是通过"透光和物理"的手段得到了相对精确的数据。标本前中线和后中线缝份1.5cm，领口缝份1cm，底边缝份2cm，侧缝缝份1cm，袖接缝缝份1cm，接袖补角缝份0.5cm，袖口缝份1.5cm。经测量验证前后中线及袖接缝为布边，故该标本主结构布幅宽为73.5cm（71cm+1.5cm+1cm），因此约56cm宽的半幅底摆无"补角摆"的情况是合理的（底摆宽度小于布幅），但接袖补角无法理解，这需要做排料实验（图8-14）。

经过测试接袖处的补角与接袖部位的经纱布丝是完全对应的。据此做排料实验得出，去掉宽20.5cm"补角"的接袖片刚好可安排在衣身袖下位置，但由于布幅宽度所限接袖缺少补角部分，因而接袖缺角部分需要在别处补齐。这样的好处就是虽在美观上有小小的损失，但

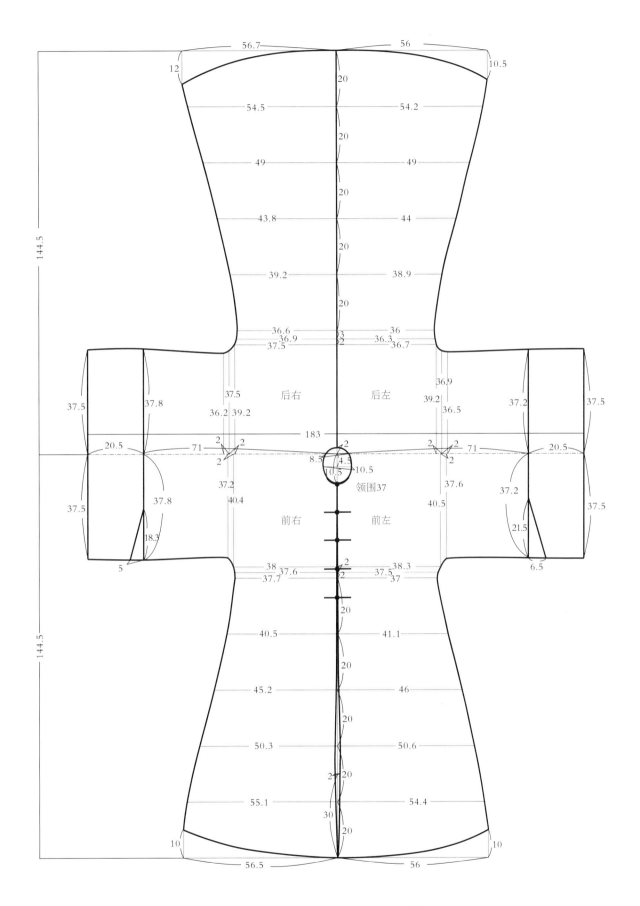

图 8-13 石青缎五彩绣八团福海吉服褂主结构测绘

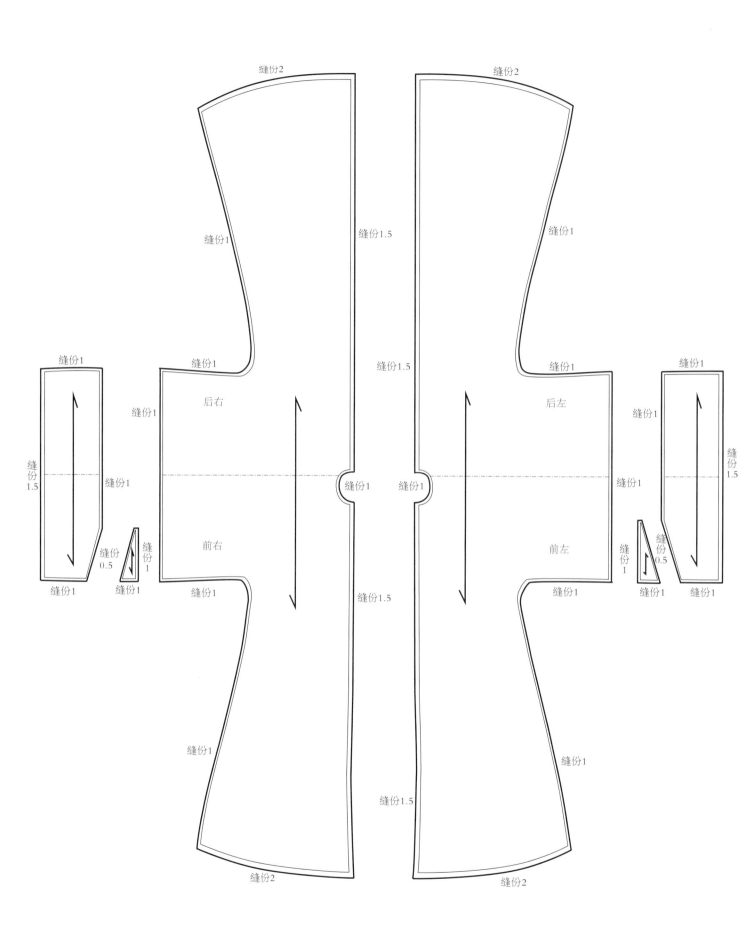

縫份2　縫份2

縫份1　縫份1.5　縫份1

縫份1　縫份1　縫份1　縫份1

后右　縫份1.5　后左

縫份1　縫份1

縫份1　縫份1　縫份1

縫份1.5　縫份1　縫份1　縫份1.5

縫份1　縫份1

縫份0.5　縫份1　縫份0.5

前右　前左

縫份1　縫份1　縫份1　縫份1

縫份1　縫份1　縫份1.5　縫份1

縫份1　縫份1

縫份1.5

縫份2　縫份2

图 8-14　石青缎五彩绣八团福海吉服褂主结构毛样复原

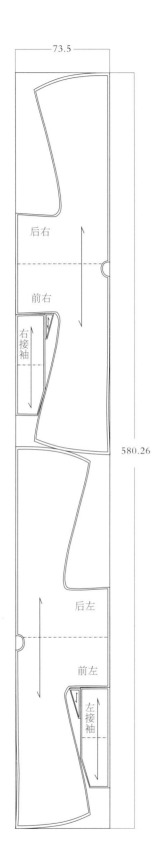

73.5

580.26

后右

前右

右接袖

后左

前左

左接袖

图 8-15 石青缎五彩绣八团福海吉服褂
主结构毛样排料实验

在用料上可大大的节省。故所得石青缎五彩绣八团福海吉服褂用料量为 42649.11cm^2（73.5cm × 580.26cm）（图 8-15）。如果接袖采用没有"补角"的完整结构，在布幅不变的情况下还需增加一个接袖宽的面积，因而该件吉服褂用料量必然增加。在先人的理念中节俭是修德，不能以牺牲"礼"为代价，宁可损失美观性也要在物尽其用中得到"礼"的升华，也许这就是节俭背后秉持的"尊卑观"。若此标本按照"前尊后卑"的传统观念，接袖的补角是要放在后袖上的，而标本却是放在前袖的接缝处，这是为什么？玄机就在于此，传统的中国妇女，尤其是大家闺秀，无论坐姿还是站姿双手掌心向内合握于前腹，这样前袖便朝里、袖背则向外，这就是为什么接袖补角设在前袖而不在后袖的原因。其实这种形制还来源于接袖纹章布局"后满前半"的传统，当然这与礼教的"闺姿"有关（图 8-16）。可见古人的"敬物尚俭"内含着礼教的美学智慧。美不美观不在于视觉上，而在于它是不是秉承了节俭精神，这着实为现代人上了一课，不禁使我们想起现代设计理论的鼻祖——英国人莫里斯说的一句话：将当今的设计与古人相比，我们不得不承认，他们对当时一切事物的诠释和材料恰如其分的利用远远超过我们，因此他们留下来的文明经典也远远比我们更多。节俭和礼教完美的结合就是当时的主流事物。

对石青缎五彩绣八团福海吉服褂衬里结构进行数据测量、绘制和结构图复原亦有发现。所得衬里横纵长宽与主结构相同。左右接袖位

图 8-16 接袖纹章"后满前半"布局出于礼教的"闺姿"

置分别距十字交点 61.3cm，较主结构偏短，通过测试衬里的接袖缝并非布边，说明衬里较面料布幅宽，这种情况有存在的可能性，然而宽到什么程度还需后续实验来验证。而衬里接袖裁成比表接袖要宽的原因是为了与面料接袖缝错开，这样成品外观会更加平服。此外，衬里领口大于主结构 1.5cm，且于后领处敷了一种料性不同的三角形面料，该部分的功能或许体现在它的防磨作用（图 8-17）。衬里毛样中，前中线缝份和后中线缝份均为 1.7cm，领口、底边缝份 1.5cm，侧缝缝份 1cm，接袖线缝份 1.3cm，袖口缝份 2cm（图 8-18）。

因接袖线并非布边，而前后中线是布边，假设去掉接袖宽度取约半个衣身宽作为布幅宽，经过排料实验所得，67.4cm 的布幅宽刚好可容纳两个衬里的接袖宽度，进而达到最大限度利用布料的目的（图 8-19）。

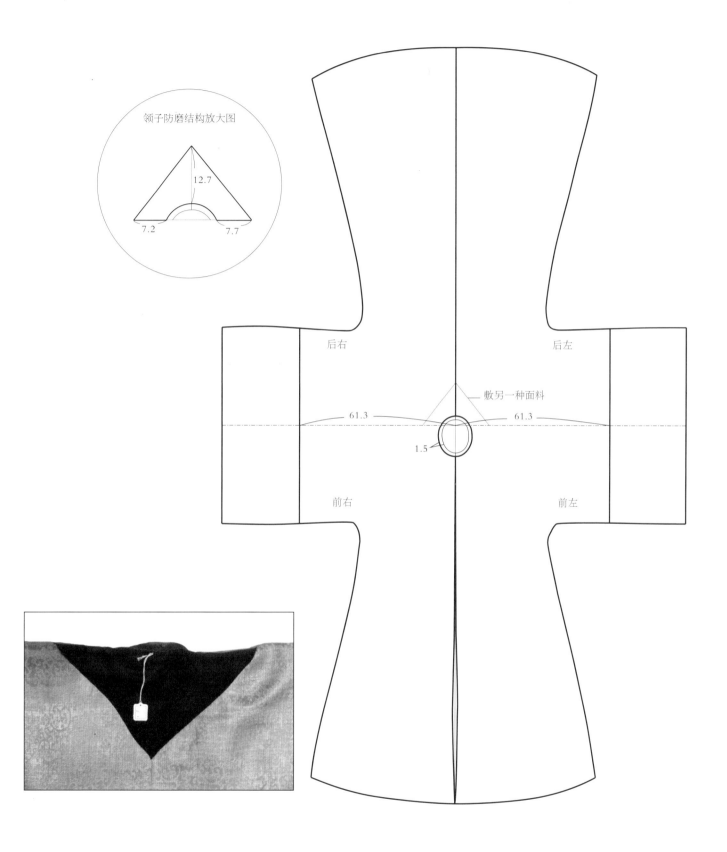

领子防磨结构放大图

12.7

7.2   7.7

后右   后左

敷另一种面料

61.3   61.3

1.5

前右   前左

图 8-17   石青缎五彩绣八团福海吉服褂衬里结构测绘

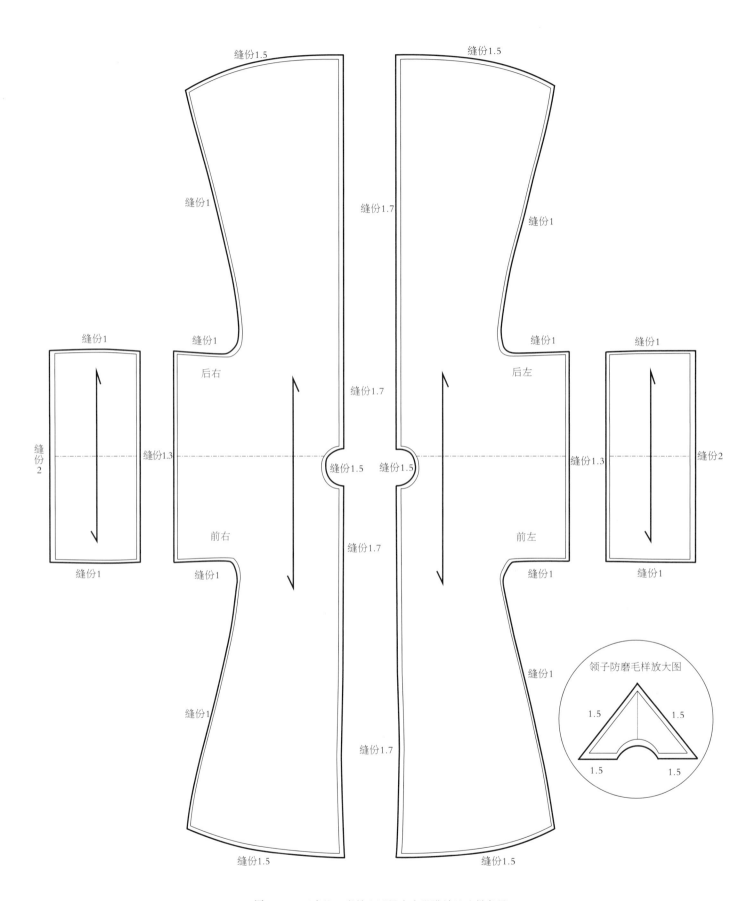

缝份1.5 缝份1.5

缝份1 缝份1.7 缝份1

缝份1 缝份1 缝份1 缝份1

缝份1 缝份1

后右 缝份1.7 后左

缝份
2 缝份1.3 缝份1.5 缝份1.5 缝份1.3 缝份2

前右 前左

缝份1 缝份1

缝份1 缝份1.7 缝份1

缝份1 领子防磨毛样放大图

1.5 1.5

缝份1.5 缝份1.5 1.5 1.5

图 8-18　石青缎五彩绣八团福海吉服褂衬里毛样复原

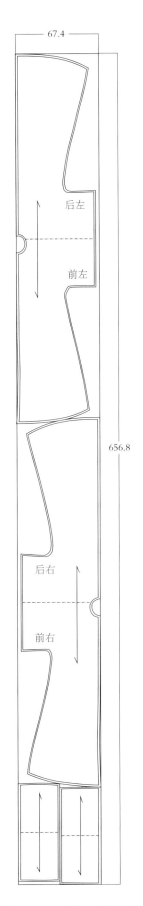

67.4

656.8

后左

前左

后右

前右

图 8-19 石青缎五彩绣八团福
海吉服褂衬里毛样排料实验

（三）石青缎五彩绣八团福海吉服褂纹章与"十字型平面结构"

石青缎五彩绣八团福海吉服褂纹章布局规划与同时期的其他八团袍和八团褂相同（参见图5-9、图8-2），说明在晚清的官服制度中，纹章的设计布局形成了一套严格的仪规，同时也并没有因此而改变"敬物尚俭"的传统造物观。因此无论官袍的纹章多少，仪规是不会改变的，节俭是一定要遵循的，这就产生了纹章布局相同但结构不尽相同的各类袍褂，且其主要表现在"拼接"上，基于礼教的考虑，它们通常处理在隐蔽处。这种独特的纹章与结构共生的官服形态表现出很深刻的时代特征。该标本的测绘数据和结构图复原正说明了这一点。主体八团纹章皆在前胸后背、两肩及下摆处，以"十字"坐标为准绳。下摆四团 A、B、G、H 横宽 30cm、纵约 29cm 呈微椭圆状，A、B 两团中心点与 G、H 两团中心点分别距前后中轴线 22.5cm、21.5cm，距肩线垂直距离 85cm。前胸后背 C、F 两团为直径 29.5cm 的正圆，中心点分别距肩线 37cm、40cm。左右肩 D、E 两团横 30cm、纵 29cm 和 28cm（合理误差），其中心点分别距十字交点 32cm。依此数据分析，十字坐标上左右方向团纹均符合对称规制，前后方向除 C、F 受领口开深前大于后的影响有 3cm 差量外，其余团纹皆符合前后对称规制，且下摆四个团纹 A、G 和 B、H 刚好落在通过十字交点的对角连线上。不仅如此，左右袖口六团小型纹章横 8.5cm、纵 8cm，两两间隔均为 20cm，皆距袖口边缘 13.5cm。这些数据从表面上看似没有任何意义，但通过连线实验发现，接袖上中间两个小团在肩横轴的延长线上，且上下两个小团在通过十字交点的对角连线上。此外，下摆两侧海水江崖纹占据侧缝长度49cm，前后中海水江崖纹占据前后中线高度52.5cm。可见，凡是衣身上分布的纹章均与"十字型平面结构"为"准绳"产生对称的数据关系，且这种现象于晚清官服中普遍存在（图8-20）。

如果将石青缎五彩绣八团福海吉服褂与石青绸绣八团鹤纹吉服褂相比较，它们的纹章数量完全相同，虽具有两套完全不同的数据，但其纹章规制都遵循"十字坐标"的"准绳"仪规。因此就形成了在章纹内容上大显身手的技艺奇观。石青缎五彩绣八团福海吉服褂团纹以牡丹为主体纹饰，运用打籽绣工艺，章纹凸显丰满立体效果。四周蝴蝶纹与牡丹呼应，彰显女性富贵甜蜜寓意，谐音取"福"。袖口六团纹章与主体八团对应，所用数量均为偶数，其章纹内容与主体八团相同，寓意节节高。袖口、下摆均有海水江崖纹暗含江山永固、四方平安之意，谐音取"海"。这不仅是"四平八稳"吉语的真实写照，亦有江山包围下的万事皆平稳安顺的双重寓意，这就是"福海"的深意所在（图8-21）。

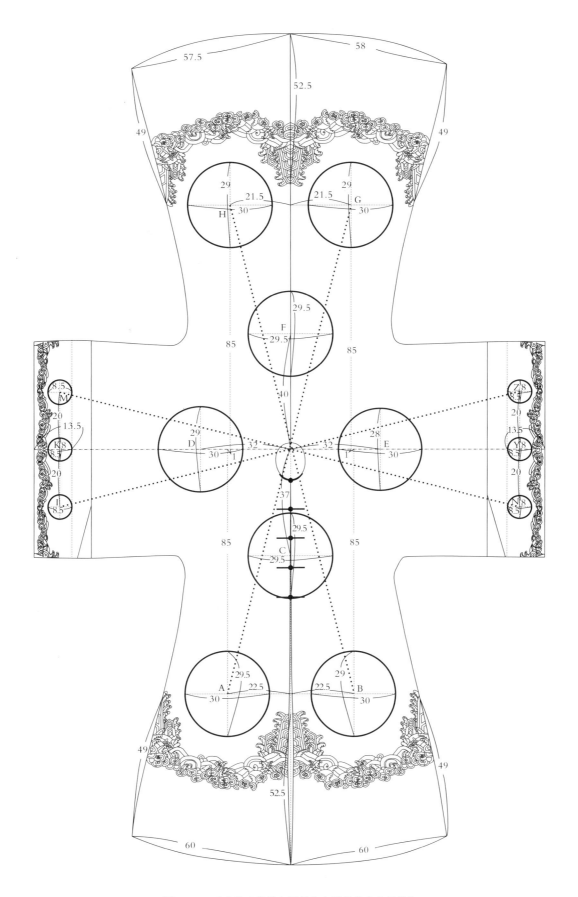

图 8-20 石青缎五彩绣八团福海吉服褂纹章坐标测绘

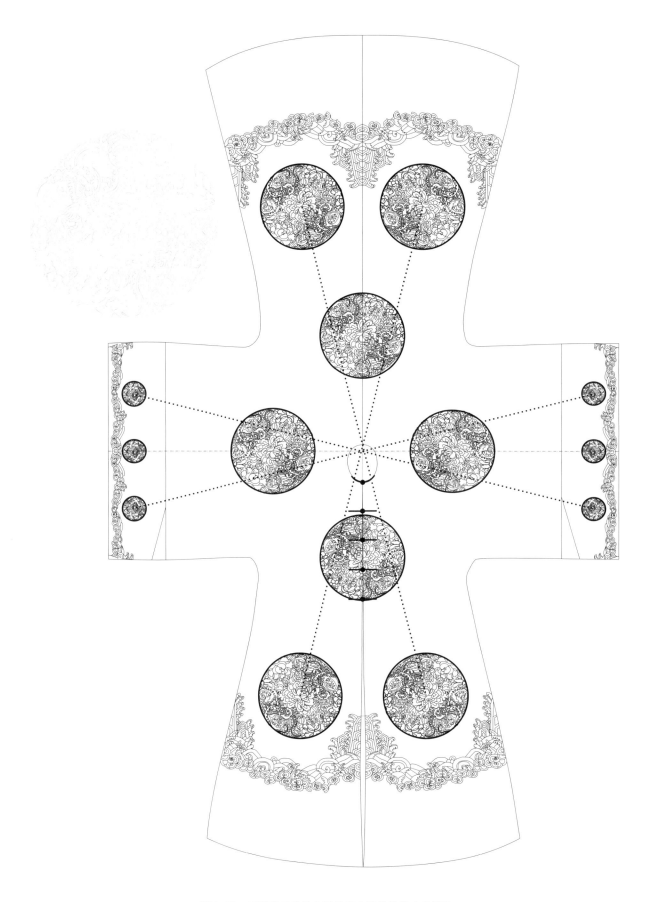

图8-21　石青缎五彩绣八团福海吉服褂纹章内容测绘

三、石青缎武官绵补褂结构节俭的"外尊内卑"

石青缎武官绵补褂为四开衩的二品补褂，但按《清会典》"宗室裾四开。其余皆两开"[3]的要求，该补褂四开裾并不符合《清会典》规定。或许在历史演进中，尊先祖骑射传统以奉袍服四裾为尚，并不是非宗族官员不可用。然而随着满清政权的巩固，生活方式也从游牧变为定居，文官统治成为主流，官袍四裾形制不合时宜，两裾便升格为尚品，但武官因骑射的传统保留戎服形制而沿用四裾补服，两裾为文补、四裾为武补共治情况就不足为奇了。因此两裾和四裾实行共治，其一通常出现在晚清是事实，其二两裾实行后还没来得及修典，或典章和事实之间还缺乏证据，而出现认识上的偏差。然而官服补褂结构崇尚节俭的"外尊内卑"传统没有改变，这就是"布幅决定结构形态"驱使的"表整里拼"的官服结构面貌。

（一）石青缎武官绵补褂形制特征

石青缎武官绵补褂为清二品武官补褂，藏于北京服装学院民族服饰博物馆，2001 年 12 月收于北京。标本通袖长 173cm、衣身长 121cm。圆领沿绲、大袖、对襟、有接袖、五粒雕花铜扣、裾四开、前片大于后片，上附两块武官二品狮补（图 8-22）。

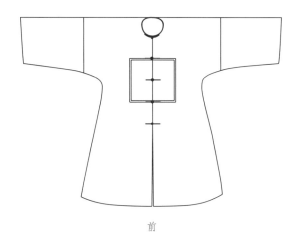

前

标本正视图

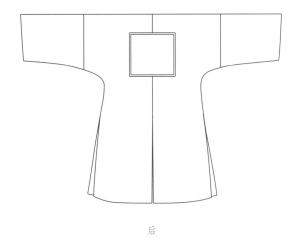

后

标本后视图

图 8-22

前后狮补纹

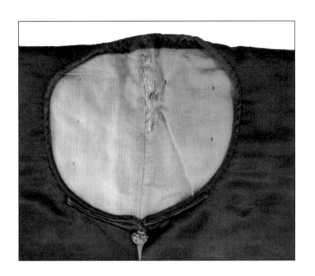

领口雕花铜扣

图 8-22 石青缎武官绵补褂标本（北京服装学院民族服饰博物馆藏）

（二）石青缎武官绵补褂的测绘与结构图复原中的"表整里拼"

补褂在清官服中是纹章数量最少的一种，结构线容易凸显，补褂结构追求规整，最好的办法就是充分利用布幅。通过该标本的数据测量、绘制和结构图复原发现"布幅决定结构形态"不仅仅是为了节俭，还渗透着"外尊内卑"的礼教美学。标本主结构通袖长 173cm、衣身长 121cm。前领口深 12cm，后领口无凹量，领围 43.5cm。接袖线距十字交点 45.5cm，接袖宽为 41cm，袖口宽 29.5cm，且袖口边缘线有 2cm 翘量。前后下摆宽分别为 93.6cm（47cm+46.6cm）和 86cm（43cm×2），底摆翘量 5~7.7cm。侧缝开衩长 52cm、51.5cm、53cm，后中开衩长 55cm，打结长 0.7cm。前片横宽大于后片，该局部形制固然有前尊后卑的考虑，事实上这样做的结果是避免侧缝前至。然而这是由礼教触发的美学观念，还是由美观反哺了礼教，确实是需要探究的（图 8-23，参见图 8-22 实物标本）。标本毛样结构，领口缝份 1.7cm，前后中线缝份 2cm，底边缝份 1.5cm，侧缝及开衩处缝份 1cm，接袖线缝份 1.6cm，袖口缝份 1.7cm、1.5cm（图 8-24）。通过这些数据分析，毛样的最宽尺寸均为 50cm，并根据纱向作布边测试所得前后中线和接袖线即为布边，故判断该补褂面料幅宽为 49.1cm（45.5cm+2cm+1.6cm），这样就可以得到根据布幅决定结构原则呈现的既规整又节俭的用料方案了（图 8-25）。

石青缎武官绵补褂衬里的用料方案，虽然也是遵循布幅决定结构的原则，但其拼接远远比面料要多。因为衬里布幅窄于面料，因此在下摆最宽处都出现了"补角摆"。此外出现的两次接袖也是由于衬里幅宽所致，且右接袖有拼接，而这种现象即便在官袍中也属普遍，因为节俭虽然会产生视觉上的瑕疵，但"外尊内卑"的传统礼法会带来强烈的心里慰藉。因此在可能的情况下，"拼接"是被经常使用的。在民间袍褂的表面也时常采用"补角摆"的方法，然而"用女不用男，能里用不表用"似是"外尊内卑"的普遍法则。石青缎武官绵补褂衬里接袖两次，下摆有四处"补角摆"的结构样式，或许是那个时代崇

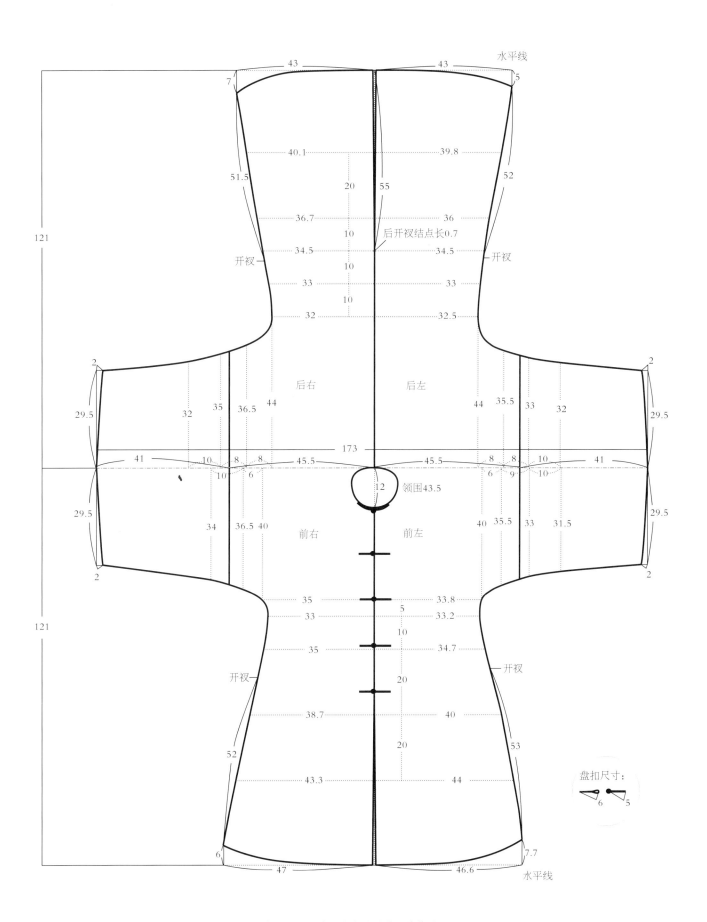

图 8-23　石青缎武官绵补褂主结构测绘

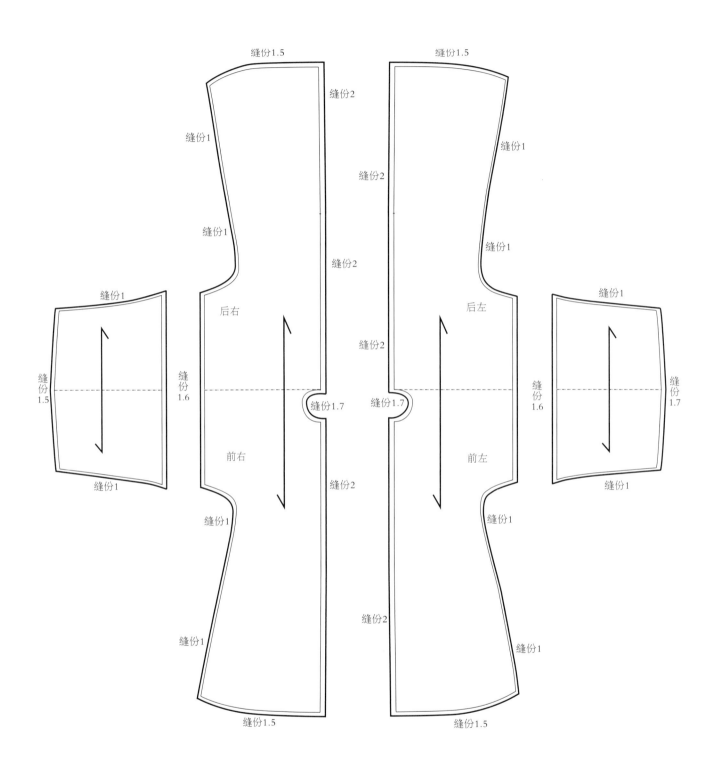

图 8-24　石青缎武官绵补褂主结构毛样复原

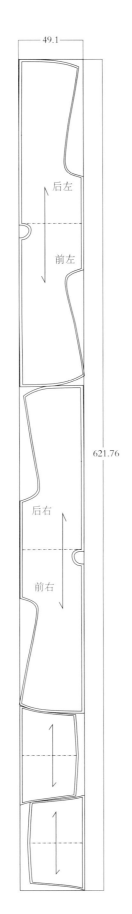

49.1

621.76

后左

前左

后右

前右

图 8-25 石青缎武官绵补褂主结构毛样排料实验

尚"外尊内卑"的又一个物证（图 8-26）。

　　该标本衬里其十字交点距左右接袖线分别为 39cm、38.5cm；接袖宽 12cm，外接袖宽 35.75cm，其中右接袖有拼接。衬里主结构呈前大于后的趋势，而该趋势是通过前片补角摆大于后片实现的。其中前片补角摆分别长 44.3cm、42cm，宽 7.9cm、8.5cm；后片补角摆分别长 26.5cm、25.5cm，宽 4cm、5cm（图 8-27）。毛样结构中领口缝份 1cm；前后中缝份 1.3cm，开衩缝份 1.3cm；侧缝缝份 1cm，补角摆缝份 1cm；底边缝份 1.5cm；左袖接袖线缝份 1.3cm、1.5cm；右袖接袖线缝份 1.3cm、1cm；左右袖口缝份 1.5cm、2cm（图 8-28）。因衣身接袖线和前后中线为布边，故石青缎武官绵补褂里料布幅宽为 41.6cm（39cm+1.3cm×2）。经排料实验所得用料量为 29044.28cm²（41.6cm×698.18cm）。从这个实验排料图来看，衬里结构的拼接方案几乎为零损耗，但这个方案不会套用在面料的结构设计中，因为还有"外尊内卑"的辖制（图 8-29）。

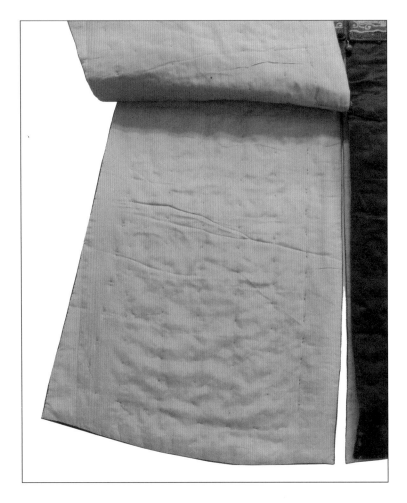

图 8-26　石青缎武官绵补褂标本衬里"补角摆"拼接情况

　清古典袍服结构与纹章规制研究

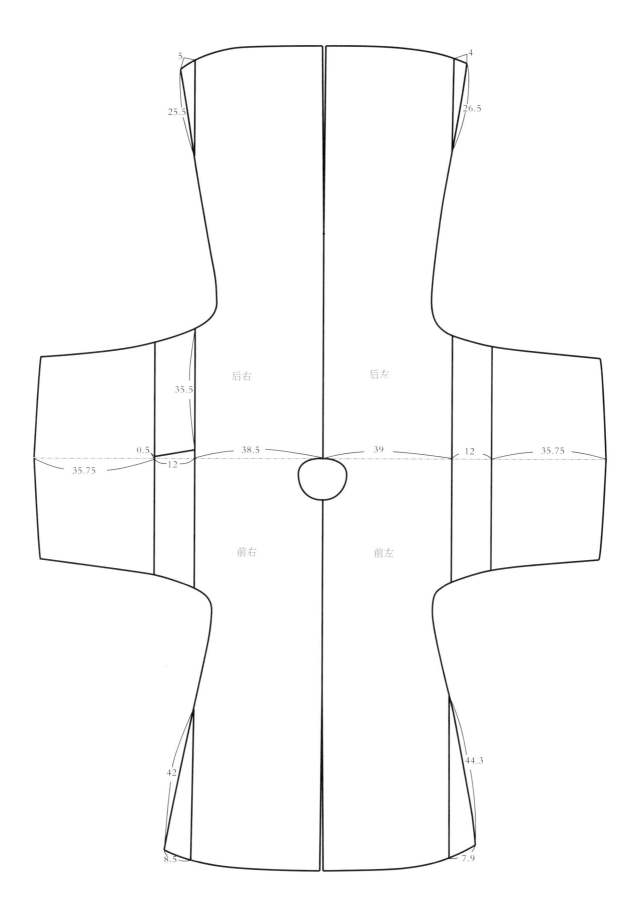

图 8-27 石青缎武官绵补褂标本衬里结构测绘

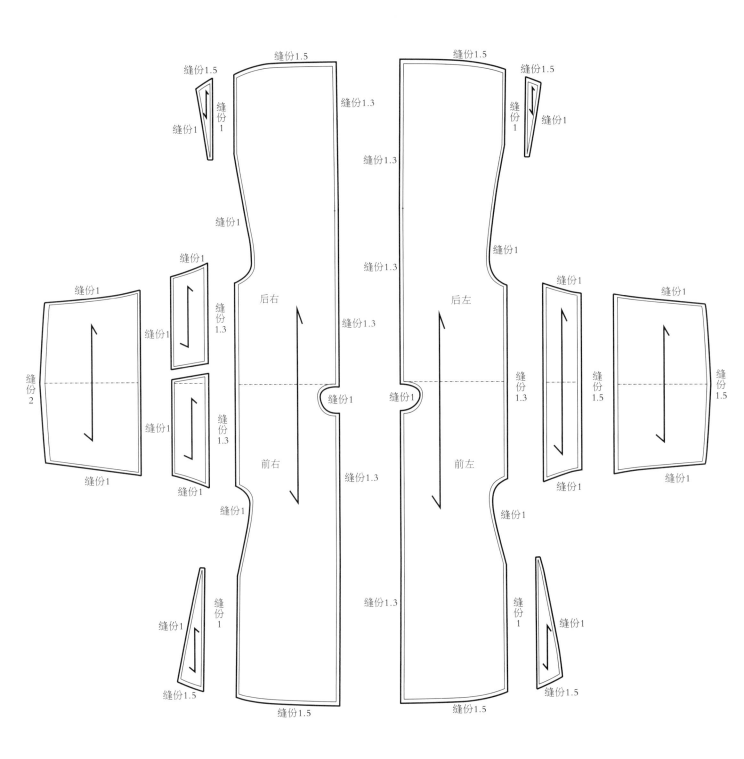

缝份1.5　缝份1.5　缝份1.5　缝份1.5

缝份1　缝份1　缝份1　缝份1

缝份1.3　缝份1.3

缝份1.3　缝份1

缝份1　缝份1　缝份1　缝份1

缝份1　缝份1　缝份1.3

缝份1

后右　后左

缝份1.3　缝份1.3

缝份2　缝份1.3　缝份1　缝份1　缝份1.3　缝份1.5　缝份1.5

缝份1　缝份1.3

前右　前左

缝份1　缝份1　缝份1　缝份1

缝份1.3

缝份1　缝份1

缝份1.3

缝份1　缝份1　缝份1　缝份1

缝份1.5　缝份1.5　缝份1.5　缝份1.5

图 8-28　石青缎武官绵补褂衬里毛样结构复原

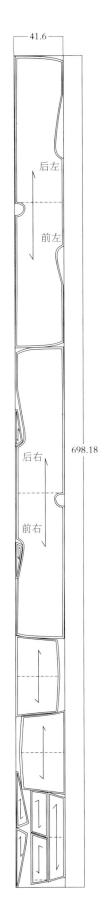

41.6

698.18

后左

前左

后右

前右

图 8-29 石青缎武官绵补褂衬里毛样排料实验

（三）石青缎武官绵补褂纹章与"十字型平面结构"

"表整里拼"为"补子"创造了极佳的表现环境，是因为补服比任何纹章官服有更强烈的识别性。因此补服在除补子之外不会有任何其他纹章的情况下，面料结构尽可能规整，底纹尽可能暗淡，补子的标识作用才会被凸显出来。此外，补子尺寸亦有讲究。石青缎武官绵补褂领口缘边有 0.3cm 绲边，前后两块补子为横 30.5cm、纵 28cm 的矩形方补，前、后补子距肩线垂直距离 28cm 和 12cm，除去领口深所占量度，前身补子距领口 14cm。因此，补子在平面状态下受领口深影响故前后不对称，但在穿着状态下两补依然占据前后胸背的视觉中心。在官员补褂中，虽纹章数量降至二，但布局依然遵循以"十字型平面结构"为准绳的法则，为了强化它的作用，"表整里拼"充满着礼教美学的智慧（图 8-30）。

补子缘边为 1cm 宽的回形纹，内饰狮子、四合云纹、太阳纹、花卉纹和平水纹。依据清代官服纹章规制的文献考证，其中记述了云纹样式演变过程，晚清云头如意形弧线不明显，且数量多，云身变成连接云头的过渡，故该件石青缎武官绵补褂有自嘉庆道光年间的风格，此类云纹称作"朵朵云"[4]。此外，因文官以飞禽为章，武官以走兽为章，相当于现代军队的"番章"制即军衔制。这些源自汉制传统"天地诞生之初，飞禽以凤凰为首，走兽以麒麟为尊"，因麒麟为祥瑞神物，故于清代武官一品用麒麟做补。此外狮子作为百兽之王在麒麟之下，其姿态威武凶猛，体态健壮，令人敬畏，象征权力和威严。《狮赋》云："钩爪锯齿，弭耳宛足，瞋目雷曜，发声雷响。拉虎吞貔，裂犀分象"。"狮"与"师"又同音通假，因此古时常借"狮"喻"师"，以示军师。故狮子成为中华文化威武与吉祥化身的神兽之一。清代时作为二品武官补子纹章，既有吉祥瑞兆之意，亦有威慑百城，坐镇千里❶之貌（图 8-31）。

---

❶ 威慑百城，坐镇千里：出自唐代阎随侯《镇座狮子赋》，"威慑百城，襄帷见之而增惧。坐镇千里，伏猛无劳于武张。有足不攫，若知其爰扰；有齿不噬，更表于循良"。

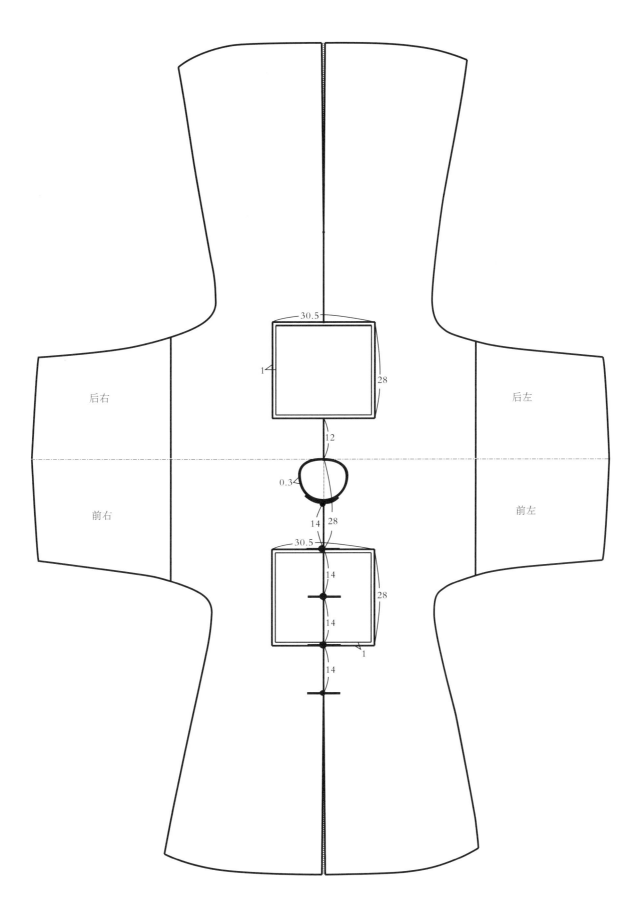

图 8-30 石青缎武官绵补褂纹章坐标测绘

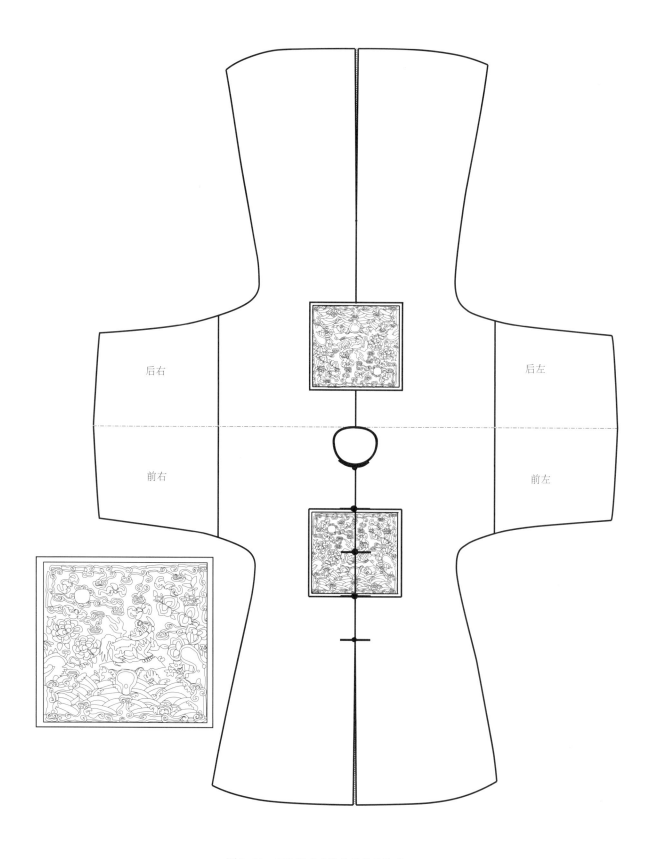

图 8-31　石青缎武官绵补褂补子纹章

参考文献

［1］ 徐珂. 清稗类钞［M］. 北京：中华书局，2003.

［2］ 王智敏. 龙袍［M］. 天津：天津人民美术出版社，2003.

［3］ 清光绪朝石印本影印. 清会典［M］. 北京：中华书局，1991.

［4］ 李晓君. 清代龙袍研究［D］. 上海：东华大学，2008.

结论

清官服纹章制度承袭明制重古礼，成为"盖人物相丽，贵贱有章，天实为之矣"[1]的集大成者。故二团、四团、八团、九团的纹章系统化规制也是清官服礼制等级的标志性特征，即用章纹数量、形制、样式等标识等级成为官方社交伦理。章纹数量越多礼仪等级越高，圆补等级高于方补，亦是宗室亲疏贵贱的标志。纹章数量总以偶数成倍递增，寓意宗族兴盛或繁荣，两团成双，四团四平，八团八稳，四平八稳"有章可循"，便是清末官服真实可靠的实证。九团纹章为团纹的最高等级，可谓清末官服释古训为章制的集中体现。《周易》中"九"为最大阳数，作为纯阳全盛，有"乾元用九，天下治也"[2]之说，"乾元"即美德至九，能及时变通，不致盈满颠覆，故有帝王用"九"无为而天下治之意。在宗法制度上，即便是周代"九"也并非男权象征，它有修德高贵之意，故历来在贵族阶层男女共享。到清朝女子用九限于三品命妇及奉国夫人等级以上者。可见，清吉服袍纹章数量亦有区分男女、等级高低之别的用意，此可谓清代吉服袍纹章系统化规制效仿周之衣冠纹章制度皆归于古礼遗训之貌。但无论是两团、四团、八团、九团十二章，它们如何奉圭臬善经营，既考献无果，口头传承的寻索也变得越来越无望，故对相关标本作系统的研究和整理甚为重要。

由此，通过对清末官服标本的系统研究和整理发现，章纹数量、分布状态和布局规律是有章可循的，由两团占居中轴线始，到四团居中轴线和肩线的十字，再到八团、九团以十字坐标和以此引出的对角线加以布局，最终到最高等级的九团十二章吉服，也没有脱离仪规而形成以十字交点为核心的米字型结构，这里姑且命名为"清古典袍服结构与纹章规制"。整个清官服纹章形制的形成与"十字型平面结构"发生串联关系的研究过程，其不同数量的章纹于"十字型平面结构"四周分布规律继承了先秦文献所记"规、矩、绳、权、衡"[3]古者深衣的制式法统，于此说明清官服纹章分布规制以"十字型平面结构"为"准绳"经营位置是对清官服纹章体制的物态诠释。若这个结论成立的话，历代官服纹章制度也会有相应的实物形态，这样就可以回推到"规、矩、绳、权、衡"的实物形态研究，只是当下我们无法获取更多的标本（见下页图）。

那么如何更好地实现以"十字型平面结构"为"准绳"的纹章设计布局，"先绣后缝"的工艺流程便成为这种规制的技术手段。纹章布局需要精确定位，才有可能用刺绣工艺先期完成，而这两项工作都需要在布料的平整状态下才能实现，因此纹章刺绣必须在前，成衣缝制必须在后。这就是清代为什么有大量的绣品袍料留存下来的原因，而实物的留存为官袍纹章制度研究提供了绝佳的物质条件，可以让研究者清楚地看到官袍结构的"十字坐标"与纹章的构成关系，从而得出纹章"位置"的经营完全渗透在"先绣后缝"的制作过程中（从小样设计到三织造的绣品袍料，再由绣品袍料到官袍，整个过程以建立"十字型平面结构"为先的原则，"经营"纹章位置形成官袍雏形）。然而，"先绣后缝"的官袍制作过程更像是宗族的祈福仪式，每一件的精心雕琢，所耗财力之大、人力之多、时间之久是生活在今天的我们无法估量的，因此也让我们更深刻地认识了文物不可复制的道理。此外，不可复制性还着力诠释了古人布幅决定结构形态、能整用不剪裁、外尊内卑的"敬物尚俭"的造物理念。因而，文物的不可复制性体现在特定时代下，古人为"信念"可以终其一生做一件事情的笃志，而产生令今人看来不可思议的技艺经典。也正因如此，我们今天难以再造经典，是因为我们已经没有了像古人那样对"造物"充满敬畏的用心。

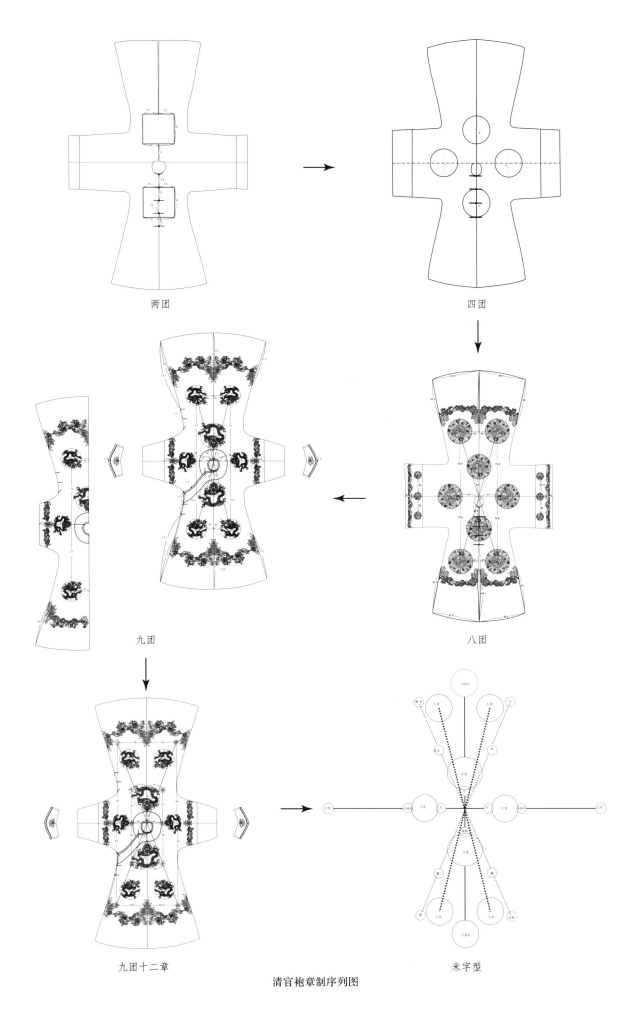

两团

四团

九团

八团

九团十二章

米字型

清宫袍章制序列图

参考文献

［1］ 宋应星. 天工开物译注［M］. 潘吉星，译注. 上海：上海古籍出版社，2007.

［2］ 陈鼓应，赵建伟. 周易今注今译［M］. 北京：商务印书馆，2012.

［3］ 王文锦. 礼记译解［M］. 北京：中华书局，2001.

【附 录】

附录一　标本信息汇要

编号：　MFB001688

名称：　石青芝麻纱夏补褂

收藏：　北京服装学院民族服饰博物馆藏

时间：　清·道光

基本数据：通袖长 172.5cm

　　　　　通身长 238cm

　　　　　袖口宽约 25cm

　　　　　下摆宽 92cm

图 5-1　标本 / 款式图前后（148 ~ 152 页）

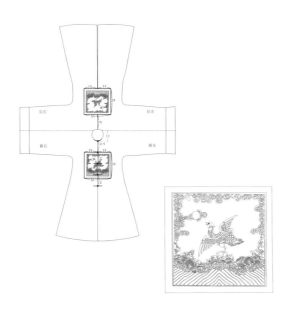

图 5-7　主结构补子图案线描图（前后同，161 页）

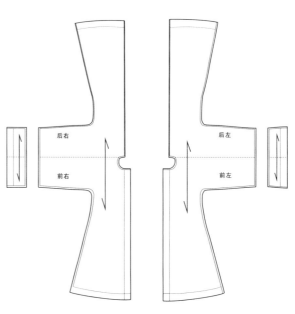

图 5-4　主结构毛样分解简图（157 页）

编号：MFB001119

名称：石青绸绣八团吉服褂

收藏：北京服装学院民族服饰博物馆藏

时间：清·咸丰

基本数据：通袖长 172cm

通身长 285cm

袖口宽 37cm

下摆宽 107.8cm

图 5-9　标本/款式图前后（166～169页）

图 5-18　主结构八团图案线描图（八团同，182页）

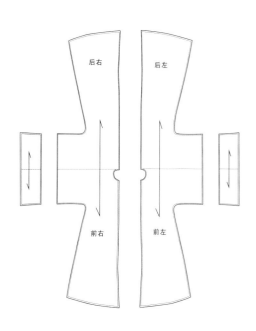

图 5-11　主结构毛样分解简图（172页）

编号：MFB001666

名称：灰蓝织金缂丝云纹蟒袍

收藏：北京服装学院民族服饰博物馆藏

时间：清·嘉庆

基本数据：通袖长 170cm

通身长 270cm

袖口宽约 16.5cm

下摆宽 106.5cm

图 5-19　标本／款式图前后（184～187 页）

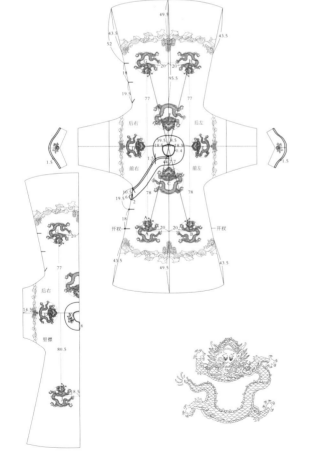

图 5-31　主结构九团图案线描图（204 页）

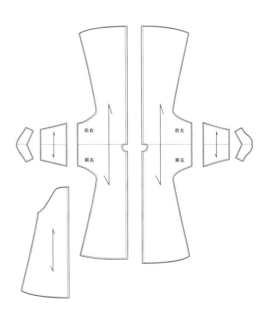

图 5-22　主结构毛样分解简图（191 页）

编号：MFB001703

名称：黄绸盘金绣十二章龙袍

收藏：北京服装学院民族服饰博物馆藏

时间：清·道光

基本数据：通袖长 161.2cm

　　　　　通身长 280.4cm

　　　　　袖口宽 15.5cm

　　　　　下摆宽 121cm

图 6-1　标本 / 款式图前后（212 ~ 217 页）

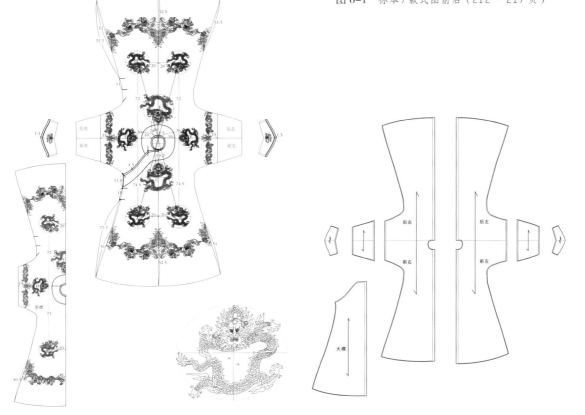

图 6-13　主结构九团图案线描图（241 页）　　　　图 6-4　主结构毛样分解简图（222 页）

编号：MFB001645

名称：石青芝麻纱八团女吉服褂料

收藏：北京服装学院民族服饰博物馆藏

时间：清·咸丰

基本数据：宽 150cm

长 306cm

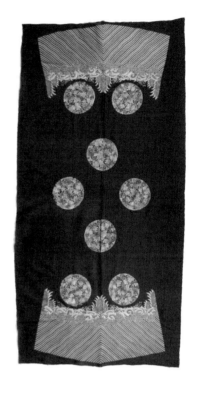

图 7-4 标本实物图（258 页）

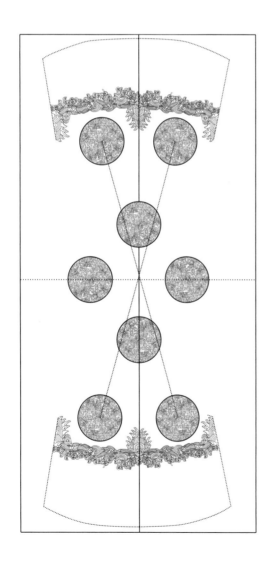

图 7-7 主结构八团图案线描图（八团同，263 页）

编号：MFB001671

名称：石青缎五彩绣八团吉服袍

收藏：北京服装学院民族服饰博物馆藏

时间：清·嘉庆

基本数据：通袖长 209.5cm

通身长 276cm

袖口宽约 30cm

下摆宽 117cm

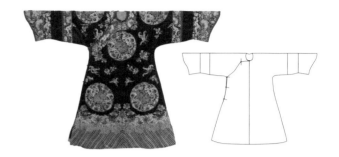

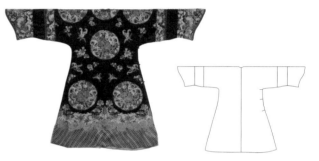

图 8-2　标本 / 款式图前后（277 ~ 280 页）

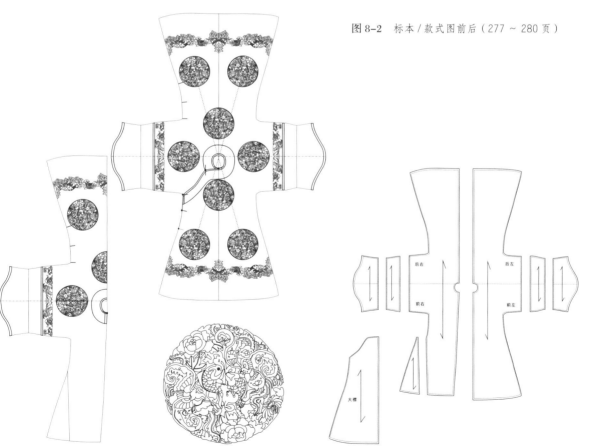

图 8-11　主结构八团图案线描图（八团同，294 页）

图 8-4　主结构毛样分解简图（284 页）

编号：MFB001672

名称：石青缎五彩绣八团福海吉服褂

收藏：北京服装学院民族服饰博物馆藏

时间：清·同治

基本数据：通袖长 183cm

通身长 289cm

袖口宽 37.5cm

下摆宽约 112.5cm

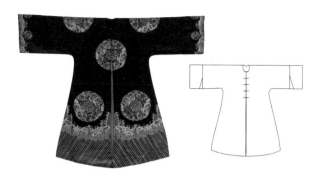

图 8-12　标本/款式图前后（296～299 页）

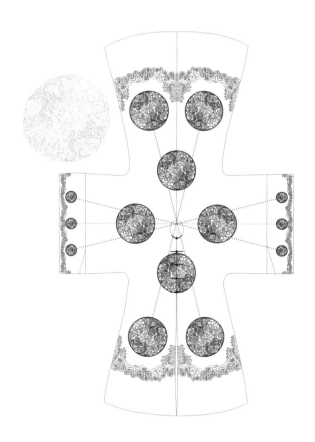

图 8-21　主结构八团图案线描图（八团同，310 页）

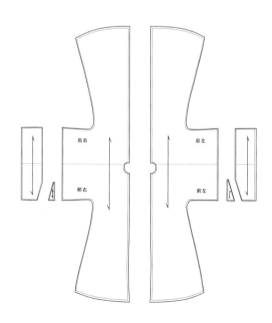

图 8-14　主结构毛样分解简图（302 页）

编号：MFB001696

名称：石青缎武官绵补褂

收藏：北京服装学院民族服饰博物馆藏

时间：清·同治

基本数据：通袖长 173cm

　　　　　通身长 242cm

　　　　　袖口宽 29.5cm

　　　　　前下摆宽 93.6cm

图 8-22　标本/款式图前后（312～315 页）

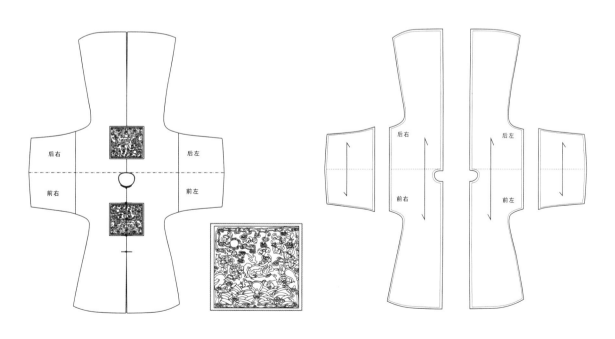

图 8-31　主结构补子图案线描图（前后同，326 页）　　图 8-24　主结构毛样分解简图（318 页）

附录二　图录

清古典袍服结构与
纹章规制研究

清古典袍服结构与
纹章规制研究

附录三　表录

附录四　石青芝麻纱八团花福海刺绣女吉服料复制成品过程

1 匹料

2 图样

3 确定接袖刺绣图样标记

4 接袖刺绣成品

1	2
3	4

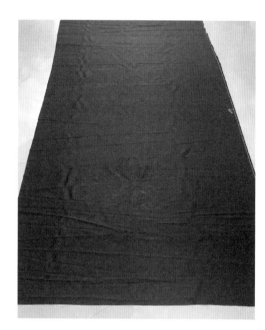
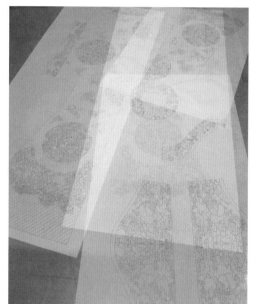
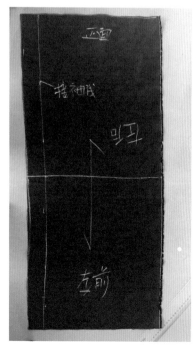
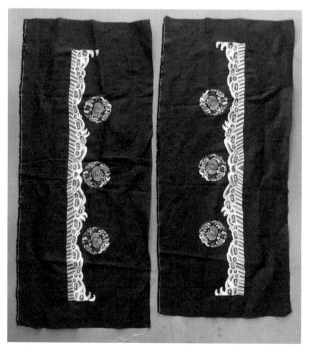

1 石青芝麻纱八团花福海刺绣女吉服料半成品

2 袍料刺绣团纹局部

3 袍料刺绣海水江崖纹局部

	1	
2		3

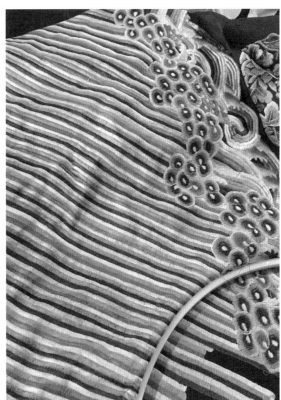

1 石青芝麻纱八团花福海刺绣女吉服料成品

2 检查成品状况

3 成品团纹和海水江崖纹局部

1 | 2
———
3

石青芝麻纱八团花福海刺绣女吉服料复制成品（正视图）

石青芝麻纱八团花福海刺绣女吉服料复制成品（后视图）

清古典袍服结构与纹章规制研究

石青芝麻纱八团花福海刺绣女吉服料复制成品——后身团纹局部

石青芝麻纱八团花福海刺绣女吉服料复制成品——后身下摆海水江崖纹局部

清古典袍服结构与
纹章规制研究

石青芝麻纱八团花福海刺绣女吉服料复制成品穿着场景

拍摄地点：北京服装学院传习馆

模特：詹昕怡（团队成员）

石青芝麻纱八团花福海刺绣女吉服料复制成品穿着场景

拍摄地点：北京服装学院传习馆

模特：詹昕怡（团队成员）

清古典袍服结构与
纹章规制研究

附录五 石青芝麻纱八团花福海单色刺绣女吉服料复制成品过程

1 石青芝麻纱八团花福海单色刺绣女吉服料复制成品——海水江崖纹刺绣过程

2 石青芝麻纱八团花福海单色刺绣女吉服料复制成品

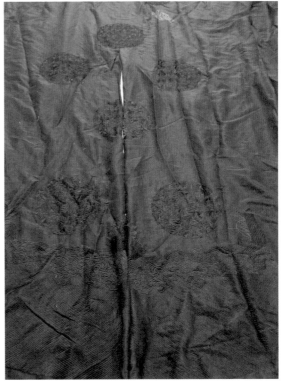

石青芝麻纱八团花福海单色刺绣女吉服料复制成品（正视图）

清古典袍服结构与
纹章规制研究

石青芝麻纱八团花福海单色刺绣女吉服料复制成品（后视图）

石青芝麻纱八团花福海单色刺绣女吉服料复制成品——团纹局部

石青芝麻纱八团花福海单色刺绣女吉服料复制成品——后身海水江崖纹局部

石青芝麻纱八团花福海单色刺绣女吉服料复制成品——前身团纹和盘扣局部

石青芝麻纱八团花福海单色刺绣女吉服料复制成品穿着场景

拍摄地点：北京服装学院传习馆

模特：詹昕怡（团队成员）

石青芝麻纱八团花福海单色刺绣女吉服料复制成品穿着场景

拍摄地点：北京服装学院传习馆

模特：詹昕怡（团队成员）

清古典袍服结构与
纹章规制研究

附录六 石青缎五彩绣八团吉服袍成品复制过程

1 石青缎五彩绣八团吉服袍复制成品——马蹄袖和领缘绣片

2 石青缎五彩绣八团吉服袍复制成品——大襟绣片

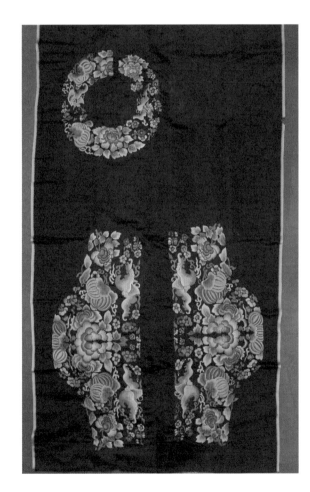

石青缎五彩绣八团吉服袍衣身绣片

石青缎五彩绣八团吉服袍复制成品（正视图）

石青缎五彩绣八团吉服袍复制成品——里襟 ❶

---

❶ 里襟没有按标本原样复制，原因有二：一是绣工在没有对原物理解的情况下加工；二是复制品刺绣是半自动化完成，对称图案比不对称图案加工更方便、简单。可见古代工匠精神的缺失。

石青缎五彩绣八团吉服袍复制成品（后视图）

石青缎五彩绣八团吉服袍复制成品——前身团纹和领缘、襟缘纹局部

清古典袍服结构与纹章规制研究

石青缎五彩绣八团吉服袍复制成品——后身海水江崖纹局部

石青缎五彩绣八团吉服袍复制成品——背部团纹局部

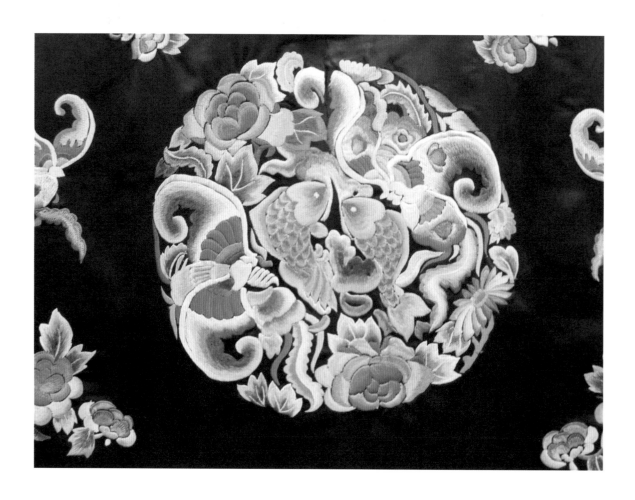

石青缎五彩绣八团吉服袍复制成品穿着场景

拍摄地点：北京服装学院传习馆

模特：詹昕怡（团队成员）

石青缎五彩绣八团吉服袍复制成品穿着场景

拍摄地点：北京服装学院传习馆

模特：詹昕怡（团队成员）

清古典袍服结构与
纹章规制研究

跋

  《清古典袍服结构与纹章规制研究》的成书要特别感谢北京服装学院民族服饰博物馆前任馆长徐雯教授和现任馆长贺阳教授。她们诚笃旷达的学术精神，使博物馆成为一个开放的学术空间和挖掘发现中华服饰人文智慧的伊甸园，才成就了中国传统服饰文化研究，并在"清古典袍服结构与纹章规制研究"的狭缝中得到考物学的一点突破。

  在成书之际，恰逢国家出版基金项目《中华民族服饰结构图考》（后简称《图考》）获教育部高校学术专著二等奖，心生惭愧。《图考》不过是考物学作"实验室研究"所获大量珍贵一手材料的整理，而对"考献"研究捉襟见肘的情况下却获此殊荣深感不安。或许也正因《图考》不同于一般考物类研究，而是重视标本信息采集、测绘、复原实验这种解剖麻雀式的材料梳理而被学术界重视和肯定。正是这种沉淀和积累，才发现了中华传统服饰"十字型平面结构系统"和布幅决定结构形态这种充满"敬物尚俭"的中华风物美学，对传统彰显论、装饰论和礼教学说提供了一个可靠而不可或缺的格物致知注脚，甚至是对彰显论和装饰论的颠覆。基于节俭动机去耐心经营织物且主导着华夏服饰结构形态，在考献中甚至只言片语都没有，然而，在清服饰标本研究中所呈现的客观性与普遍性却成为铁证，这对中华传统服饰断代研究具有重要意义。但为什么缺少文献证据，这和我国服装匠作"口传心授"的传统有关，随着这些匠作艺人的相继离世，这些营造技艺和术规也就被带进了历史。因此，"技艺和术规"缺乏文献可考是这种非物质文化留存和传承的基本特征，研究古代艺匠留下来的标本就成了关键。

  "清末官袍纹章的经营位置与十字型平面结构的准绳作用"就是在《图考》大量清末民初服饰标本结构的研究基础上，发现了清官服纹章规制与中华传统服饰"十字型平面结构"存在着内在联系，即"准绳理论"的提出，该理论亦是从博物馆标本考物与文献研究结合后更进一步的产物。研究方法和技术路线并不是先作"献考"研究，而是先作"物考"再去追溯相关文献，这样可以在浩瀚的献海中找到线索锁定目标。其中重大发现是清官服两团（双补）、四团、八团、九团十二章依据十字坐标为"准绳"的规界经营位置是真实确凿的，其法礼传统可以从《清会典》、明代《三才图会》、历代《舆服志》追溯到先秦的儒家典籍。《礼记·深衣》的"深衣，盖有制度，以应规、矩、绳、权、衡"的章制，在几千年后的清官袍纹章与结构研究中找到了"术规"的实物证据。如果没有标本研究的实物考证，"深衣，盖有制度"是如何演进和如何执行"规、矩、绳、权、衡"的就会永远成谜。

这纯属中国古代史论研究有关术规的探索，这种非主流学术（重器轻道）和象牙塔式（职业化）的研究成果，是易被这个信息时代边缘化，也会被出版界边缘化的。因此要感谢中国纺织出版社，也感谢这个专业化的研究团队，他（她）们是陈果、魏佳儒、王丽娟、朱博伟、刘畅、詹昕怡、樊苗苗、陈静洁、何鑫、郑宇婷、乔滢锦等。在当今浮躁的学术生态现实中，他（她）们还能够沉下心来，像苦行僧一样修炼、苦旅寻找那个并不看好的彼岸："我们就是要把中华服饰文化研究最有价值的成果呈现给这个时代，为历史留下一个权威可靠的学术成就，提供给后人学习、研究和利用，这是我们学术人的责任"。这给了我们很大的压力，也给了我们动力，能不能兑现这个目标心里很忐忑，但我们的努力和秉承的学术态度在出版的作品中算是有些告慰，也是对我们为"中华服饰文献构建"的宏大规划的一点回报，也是献给致力于中华传统服饰抢救、研究、传承的同仁一个探囊之物。

2016 年 12 月于北京服装学院